Andreas Kracke

Untersuchungen zur Synthese von metallierten Diphosphanyl-siloxanen und deren Anwendung zum Aufbau neuartiger Ligandensysteme

Untersuchungen zur Synthese von metallierten Diphosphanyl-siloxanen und deren Anwendung zum Aufbau neuartiger Ligandensysteme

Untersuchungen zur Synthese von metallierten Diphosphanylsiloxanen und deren Anwendung zum Aufbau neuartiger Ligandensysteme

von
Andreas Kracke

Dissertation, Karlsruher Institut für Technologie
Fakultät für Chemie und Biowissenschaften,
Tag der mündlichen Prüfung: 16.07.2010

Impressum

Karlsruher Institut für Technologie (KIT)
KIT Scientific Publishing
Straße am Forum 2
D-76131 Karlsruhe
www.ksp.kit.edu

KIT – Universität des Landes Baden-Württemberg und nationales
Forschungszentrum in der Helmholtz-Gemeinschaft

Diese Veröffentlichung ist im Internet unter folgender Creative Commons-Lizenz
publiziert: http://creativecommons.org/licenses/by-nc-nd/3.0/de/

KIT Scientific Publishing 2011
Print on Demand

ISBN 978-3-86644-597-0

Untersuchungen zur Synthese von metallierten Diphosphanylsiloxanen und deren Anwendung zum Aufbau neuartiger Ligandensysteme

Zur Erlangung des akademischen Grades eines

DOKTORS DER NATURWISSENSCHAFTEN

(Dr. rer. nat.)

Fakultät für Chemie und Biowissenschaften

Karlsruher Institut für Technologie (KIT) – Universitätsbereich

angenommene

DISSERTATION

von

Dipl.-Chem. Andreas Kracke

aus

Hamburg

Dekan: Prof. Dr. M. Olzmann

Referent: PD Dr. C. von Hänisch

Korreferent : Prof. Dr. A. Powell

Tag der mündlichen Prüfung: 16.07.2010

Die vorliegende Arbeit wurde in der Zeit von Mai 2007 bis Juli 2010 am Institut für Anorganische Chemie und am Institut für Nanotechnologie des Karlsruher Institut für Technologie unter Anleitung von PD Dr. Carsten von Hänisch angefertigt.

Inhalt

1   Einleitung

1.1 Allgemeines

Die Chemie, die zu Verbindungen zwischen Elementen der Gruppe 14 und 15 führt, ist für Strukturen mit C-N-, C-P-, und Si-N-Bindungen schon seit längerer Zeit bekannt. Silizium-Phosphor-Verbindungen wurden erstmals 1953 von *Fritz* entdeckt, dem es durch die thermische Zersetzung von SiH_4 in Anwesenheit von PH_3 gelang, mit der Verbindung H_3SiPH_2 das erste bekannte Silylphosphan zu synthetisieren.[1] Durch Salzabspaltung zwischen polaren Si-P-Verbindungen konnten weitere Silylphosphane mit verschiedenen funktionellen Gruppen erfolgreich dargestellt werden. So wurde z.B. durch die Umsetzung des metallierten Phosphans $LiPEt_2$ mit Me_3SiCl die Verbindung Me_3SiPEt_2 erhalten.[2]

Die Stoffklassen der Metallamide, -phosphanide und -arsanide stellen vor allem für die Bereiche der Metallorganik und der Koordinationschemie wichtige Schlüsselreagenzien dar. Besonders die schon lange bekannten Lithium- und Magnesiumderivate sind durch ihre Verwendung als starke nukleophile und basische Reagenzien in der organischen Synthese weit verbreitet.[3] Über die höheren Homologen, speziell die Phosphanide der schweren Erdalkalimetalle, ist vergleichsweise wenig bekannt. Sie sind erst seit etwa 15 Jahren Gegenstand intensiverer Forschung.[4]

Verbindungen der Hauptgruppenmetalle und Elementen der Gruppe 15 weisen für stark elektropositive Vertreter wie Alkali- und Erdalkalimetalle einen hohen Anteil an ionischem Bindungscharakter auf. Dies ist begründet in dem enormen Unterschied ihrer Elektronegativitätswerte und führt zu einer bevorzugten Aggregation von Kationen und Anionen. Einfach metallierte Amide, Phosphanide und Arsanide der Form R_2EM (R = organische Gruppe; E = N, P, As; M = Li, Na, K, Rb, Cs) neigen zur Ausbildung von Oligomeren, bedingt durch die hohe E-M-Bindungspolarität und der Präsenz eines freien Elektronenpaares am Gruppe 15 Element, welches eine dative Bindung an ein benachbartes Metall-Ion ausbilden kann. Dadurch kommt es zur Bildung von Clustern mit ionischem Schweratomgerüst, die auch kovalente Bindungsanteile aufweisen und einer Hülle aus organischen Substituenten, deren Struktur von den Eigenschaften des Metalls (Ladungsdichte, Größe, Polarisierbarkeit), dem sterischen Anspruch der eingesetzten organischen Substituenten und dem Solvatisierungsgrad des Metallatoms abhängt. Eine Auswahl an solch bekannten Strukturtypen ist in Abb. 1 dargestellt.

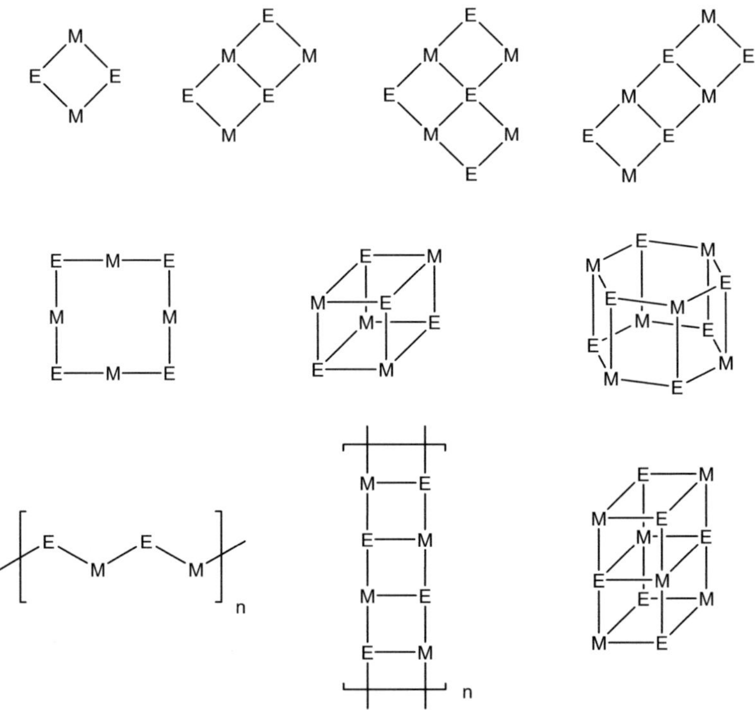

Abb. 1: Bekannte Strukturmotive der Hauptgruppenmetallamide, -phosphanide und -arsanide (E = N, P, As)

Kleine sphärische Liganden wie Halogenide führen zusammen mit Metallen zur Ausbildung zwei- oder dreidimensionaler Netzwerke, wie man am Beispiel des NaCl oder Na_3P beobachten kann. Kleinere Einheiten erhält man durch den Einsatz von anisotropen Liganden wie z.B. $[R_3SiP]^{2-}$, der Grad der Anisotropie kann dabei durch die Wahl der funktionellen Gruppen und organischen Reste an den Gruppe 15 Elementen gesteuert werden. Dabei führen naturgemäß größere Substituenten zu kleineren Clustern und umgekehrt. Die Anzahl der Substituenten ist ebenfalls ausschlaggebend für die Struktur der gebildeten Verbindung.

1.2   Phosphanide der Erdalkalimetalle

Die Klasse der Erdalkaliphosphanide ist leicht zugänglich, da die Acidität primärer oder sekundärer Silylphosphane für eine Brönsted-Säure-Base-Reaktion mit einem Erdalkalimetallamid unter Abspaltung von $HN(SiMe_3)_2$ genutzt werden kann (Gleichung 1). Somit erhält man das Erdalkali-Phosphanid, im Gegensatz dazu konnte bei den Reaktionen der entsprechenden Alkalimetallamide mit primären oder sekundären Silylphosphanen einzig die Umlagerung der Silylreste beobachtet werden und man erhält ein Gemisch verschiedener silylierter Phosphane.[5]

$$M[N(SiMe_3)_2]_2 + 2\ R_2PH \longrightarrow (R_2P)_2M + 2\ HN(SiMe_3)_2 \qquad (1)$$

Die Struktur der Produkte gemäß Gleichung (1) ist dabei abhängig von den eingesetzten Substituenten und dem verwendeten Lösungsmittel. In Donor-Lösungsmitteln wie THF entstehen unter Verwendung sterisch anspruchsvoller Liganden vorwiegend monomere Strukturtypen (Abb. 2: Typ I).[6] In manchen Fällen kommt es in Lösung zur Ausbildung von Gleichgewichtsreaktionen zwischen den monomeren Formen und ihren dimeren Spezies, welche verbrückende Phosphoratome enthalten und so bi- oder tricyclische Systeme bilden (Abb. 2: Typ II & III).[7] Hartree-Fock Berechnungen für $[M(PH_2)_2]_2$ zeigen, dass die bicyclischen Strukturen des Typs III für M = Ca, Sr bevorzugt sind, während für Barium der Strukturtyp IV die stabilste Form darstellt.[8] Der bevorzugte Strukturtyp steht dabei scheinbar in Zusammenhang mit der Polarisierbarkeit des Kations sowie einer schwachen aber dennoch signifikanten Beteiligung der d-Orbitale an den Bindungen zu den Liganden.[9]

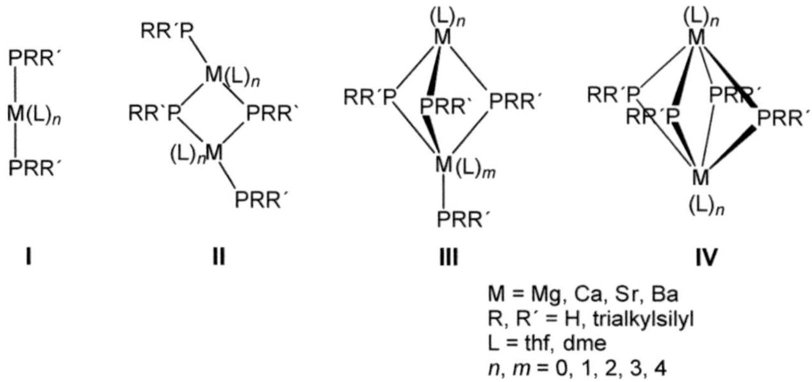

$$M = Mg, Ca, Sr, Ba$$
$$R, R' = H, \text{trialkylsilyl}$$
$$L = thf, dme$$
$$n, m = 0, 1, 2, 3, 4$$

Abb. 2: Bekannte Strukturmotive von Erdalkaliphosphaniden der Form $[(L)_nM(PRR')_2]_x$

$$(x = 1, 2)$$

Die Klasse der primären und sekundären Erdalkaliphosphanide wurde eingehend von *Westerhausen* untersucht, so konnte er beispielsweise erfolgreich Verbindungen der Form $R_2PM(THF)_4PR_2$ für die Metalle Calcium,[10] Strontium[11] und Barium[12] darstellen. Diese Verbindungen zeigen dabei ein Verhalten, das von den entsprechenden Amiden nicht bekannt ist: Während in etherhaltiger Lösung die monomeren Formen dieser Verbindungen vorliegen, da sie durch die Koordination vieler Donorlösungsmittelmoleküle an das Metallzentrum stabilisiert werden, finden sich im Festkörper oder auch in donorfreien Lösungen bevorzugt dimere bi- oder tricyclische Strukturen. Zurückgeführt werden kann dies auf eine Gleichgewichtsreaktion, bei der sich abhängig vom Donorgehalt die monomere oder dimere Spezies bildet, was anhand durchgeführter NMR-spektroskopischer Untersuchungen belegt werden konnte.[11] In Abb. 3 ist dies beispielhaft anhand der Strontiumverbindung $[(Me_3Si)_2P]_2Sr(THF)_4$ dargestellt.

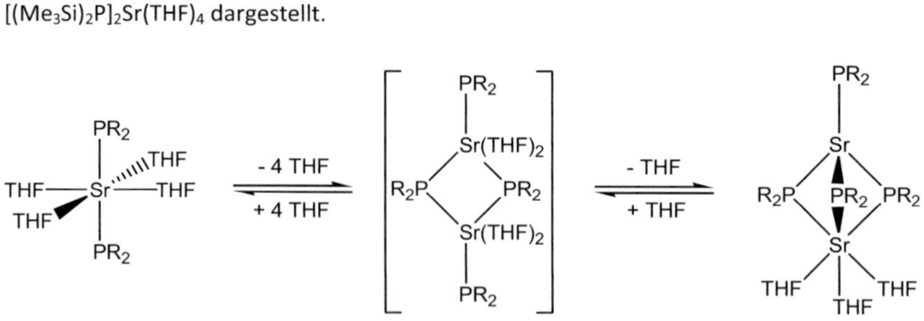

Abb. 3: Gleichgewichtsreaktion von $Sr(PR_2)_2 \cdot 4$ THF in Toluol-Lösung (R = SiMe₃)

1.2.1   Reaktionen der Erdalkalimetallamide mit Diphosphanylsilanen

Bisher bekannte Erdalkali-Verbindungen von difunktionalisierten Silanen, die zwei PH_2-Gruppen aufweisen, konnten ausgehend von dem Diphosphanylsilan $iPr_2Si(PH_2)_2$ und dem Diphosphanylsiloxan $O(SiiPr_2PH_2)_2$ synthetisiert werden. Bei der Umsetzung des Diphosphanylsilans $iPr_2Si(PH_2)_2$ mit den Erdalkalisilazaniden von Calcium und Strontium in THF erhält man ungewöhnlicherweise lineare Strukturmotive, da eine intramolekulare Kondensation zweier $iPr_2Si(PH_2)_2$-Einheiten unter Freisetzung von PH_3 zu einem $HPSi_2P$-Ring erfolgt. Diese Reaktion verläuft dabei über ein, jedoch nur für die Calciumverbindung nachweisbares trimeres Zwischenprodukt $Ca_3[iPr_2Si(PH)_2]_3(THF)_6$ (Abb. 4).[13]

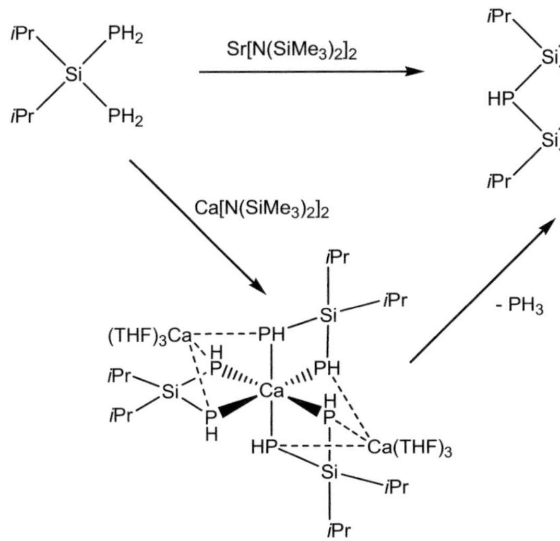

Abb. 4: Reaktion von $iPr_2Si(PH_2)_2$ mit $M[N(SiMe_3)_2]_2$ (M = Ca, Sr)

Durch die Verknüpfung zweier H_2PSiR_2-Gruppen über ein Sauerstoffatom gelangt man zu der Verbindungsklasse der Diphosphanylsiloxane. Die iso-Propylsubstituierte Verbindung $O(SiiPr_2PH_2)_2$ weist im Vergleich zu $iPr_2Si(PH_2)_2$ eine höhere Stabilität gegenüber der Abspaltung von PH_3 auf und führt daher zur Bildung anderer Strukturmotive bei ihren Erdalkalimetallderivaten.

So haben neueste Untersuchungen gezeigt, dass bei der Reaktion von $O(SiiPr_2PH_2)_2$ mit $MgBu_2$ bzw. den Erdalkalisilazaniden $M[N(SiMe_3)_2]_2$ (M = Ca, Sr, Ba) abhängig von den eingesetzten Metallen verschiedene polycyclische Strukturen (siehe Abb. 5) isoliert werden können, deren Existenz durch theoretische Rechnungen im Vorfeld vorausgesagt wurde.[9] So bildet Magnesium ein kantenverknüpftes trimeres Sechsringsystem aus, während für Calcium und Strontium ein zentraler M_2P_2-Vierring erhalten wird, der die beiden Diphosphanylsiloxan-Anionen verbindet. Mit Barium ergibt sich ein P_4Ba_2-Oktaeder mit den Metallatomen in apikaler Position, unterdessen besetzen die Phosphoratome der beiden $[O(SiiPr_2PH)_2]^{2-}$-Anionen die äquatorialen Positionen. [14]

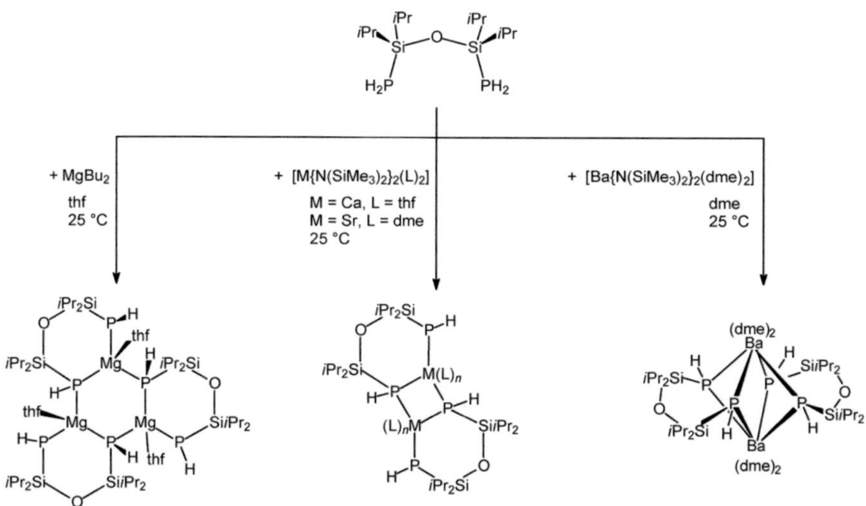

Abb. 5: Erdalkaliverbindungen von $O(SiiPr_2PH_2)_2$ (L = THF: n = 3; L = DME: n = 2)

1.3 Phosphanide mit Elementen der Gruppe 13

Neben den bereits erwähnten Phosphaniden der Alkali- und Erdalkalimetalle sind auch die entsprechenden Verbindungen der Triele bekannt. Besonders das Interesse an binären Verbindungen der schwereren Elemente der Gruppe 13 (M = Al, Ga, In) und 15 (E = P, As, Sb, Bi) ist in den vergangenen Jahren stark angestiegen, da 13/15-Verbindungen eine zunehmende Rolle als potentielle Vorstufen bei MOCVD-Prozessen zur Herstellung von halbleitenden Materialien spielen.[15]

Die Synthese von 13/15-Verbindungen kann auf verschiedenen Wegen erfolgen, so führt allein schon die gegensätzliche Lewis-Basizität der Pnikogene und Erdmetalle zur Bildung einfacher Addukte der allgemeinen Form $R_3EMR'_3$. Komplexere Moleküle lassen sich durch Eliminierungsreaktionen darstellen: Die Synthese von $[(Ph_3Si)(AliBu)]_4$ als Beispiel zeigt, dass dies sowohl unter Abspaltung von H_2 als auch von Alkanen möglich ist.[16] Die Synthesestrategie der Alkanabspaltung ist vor allem dann besonders hilfreich, wenn wie beim Indium keine Hydride ausreichender Stabilität bekannt sind.

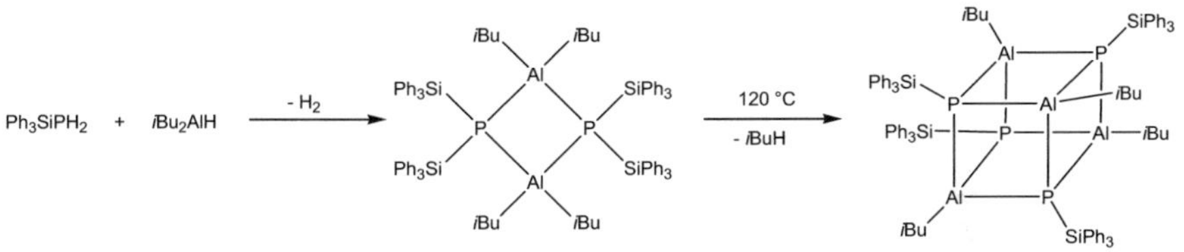

Abb. 6: Syntheseschema von $[(Ph_3Si)(AliBu)]_4$

Bestimmende Kraft bei der Strukturbildung von 13/15-Verbindungen ist die Präferenz der Monomere $R_2EMR'_2$ zur gegenseitigen Stabilisierung durch Ausbildung von intermolekularen Wechselwirkungen. Deswegen lassen sich im Festkörper und in Lösung oft oligomere Einheiten beobachten. Erst der Einsatz sterisch anspruchsvoller Substituenten oder Stabilisierung durch Koordination von Lewis-Basen an das freie Orbital des Gruppe 13 Elementes führen zur Isolierung monomerer Moleküle.[17,18] Knüpfen die Elemente der Gruppe 13 und 15 mehrere kovalente Bindungen, so können auch käfigartige Strukturen der allgemeinen Formel $[RMER']_n$ entstehen. Bisher bekannt sind einige Heterocubane (n = 4), sowie hexagonale Prismen (n = 6) und sogar cyclische Verbindungen in dem beide Elemente die Koordinationszahl drei besitzen (n = 2, 3).[19, 20, 21]

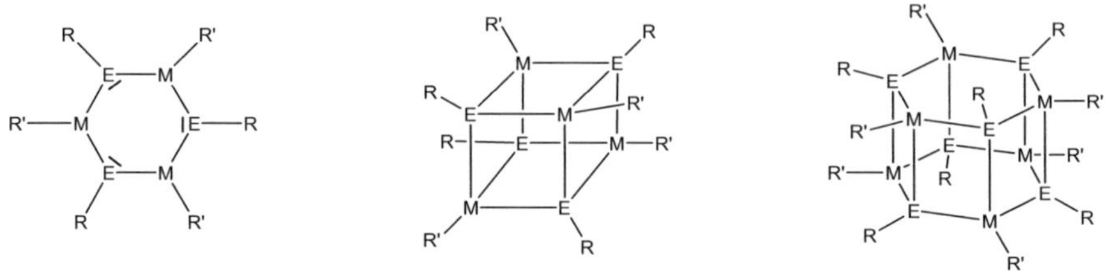

Abb. 7: Ausgewählte Molekülstrukturen für [RMER']$_n$ (n = 3, 4, 6; M = Al, Ga, In;

E = P, As, Sb, Bi; R, R' = Alkyl, Silyl, Cl, H)

1.3.1   Reaktionen von Diphosphanylsilanen mit Metallorganylen der 13. Gruppe

Erste Reaktionen von Diphosphanylsilanen erfolgten mit iPr$_2$Si(PH$_2$)$_2$ und MEt$_3$ (M = Al, Ga, In) und führten zur Bildung von dreidimensionalen M$_4$P$_4$Si$_2$-Adamantankäfigen (Abb. 8 links).[22] Diese Verbindungen neigen jedoch zur Zersetzung durch Abspaltung von Ethan, daher wurde ein Wasserstoffatom der PH$_2$-Gruppen gegen eine Methylgruppe substituiert. Dadurch erhält man das sekundäre Silyldiphosphan iPr$_2$Si(PHMe)$_2$, welches bei der Umsetzung mit MEt$_3$ die strukturell identische Verbindung [iPr$_2$Si{P(Me)MEt$_2$}$_2$]$_2$ ergibt, die als einzigen Unterschied eine Methylgruppe statt eines H-Atoms an den Phosphoratomen aufweist, jedoch gegen Zersetzung stabil ist.[23]

Im Folgenden wurde versucht die Silankette zwischen den beiden PH$_2$-Gruppen zu erweitern, dies gelang jedoch nur für die Verbindung (iPr$_2$SiPH$_2$)$_2$, da die Erweiterung der Siliziumatomkette auf drei oder mehr Einheiten zu einer Kondensation durch den Austritt von PH$_3$ führt und man die cyclischen Verbindungen (iPr$_2$Si)$_3$PH und (iPr$_2$Si)$_4$PH erhält.[24] Durch die Erweiterung der Kettenlänge um eine Siliziumeinheit konnte bei der Umsetzung von (iPr$_2$SiPH$_2$)$_2$ mit MEt$_3$ (M = Al, Ga, In) ein völlig anderes Strukturmotiv erhalten werden. Dabei entsteht die Verbindung [iPr$_4$Si$_2${P(H)AlEt$_2$}{PAlEt}]$_2$ (Abb. 8 rechts), welche aus drei kantenverknüpften Al$_2$P$_2$-Vierringen besteht, deren Phosphoratome auf jeder Seite durch eine Silankette verknüpft sind.

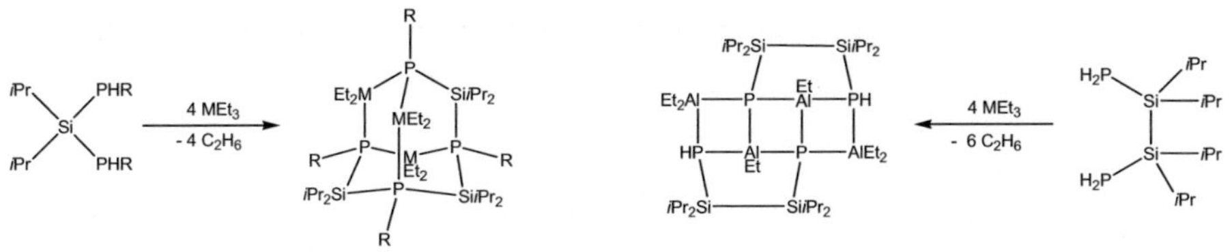

Abb. 8: Darstellung von [iPr$_2$Si{P(H)MEt$_2$}$_2$]$_2$ (M = Al, Ga, In; R = H, Me) und

[iPr$_4$Si$_2${P(H)AlEt$_2$}{PAlEt}]$_2$

Die Verlängerung der Kette gelingt jedoch durch das Einfügen eines Sauerstoffatoms, so konnte bei der Umsetzung von O(SiiPr$_2$Cl)$_2$ mit [Li(DME)PH$_2$] das bereits oben erwähnte Diphosphanylsiloxan O(SiiPr$_2$PH$_2$)$_2$ erhalten werden. Die gebildeten Strukturen der Reaktion von O(SiiPr$_2$PH$_2$)$_2$ mit den Metallorganylen der Triele sind abhängig von der Größe der Substituenten am Gruppe 13 Element. Wird zur Umsetzung mit O(SiiPr$_2$PH$_2$)$_2$ die Triethylerdmetallverbindung verwendet, so entsteht eine makrocyclische Verbindung von vier sechsgliedrigen OSi$_2$P$_2$M-Ringen, die über MEt$_2$-Gruppen zu einem zentralen Schweratomgerüst in Form eines M$_8$P$_8$-Ringes verknüpft sind (Abb. 9 rechts).[25] Werden als Reaktionspartner für das O(SiiPr$_2$PH$_2$)$_2$ die sterisch anspruchsvolleren Triisopropyl-verbindungen eingesetzt, so erhält man eine polycyclische Verbindung, ähnlich der ausgehend von (iPr$_2$SiPH$_2$)$_2$ synthetisierten Verbindung mit verbrückter Leiterstruktur (Abb. 9 links).[26]

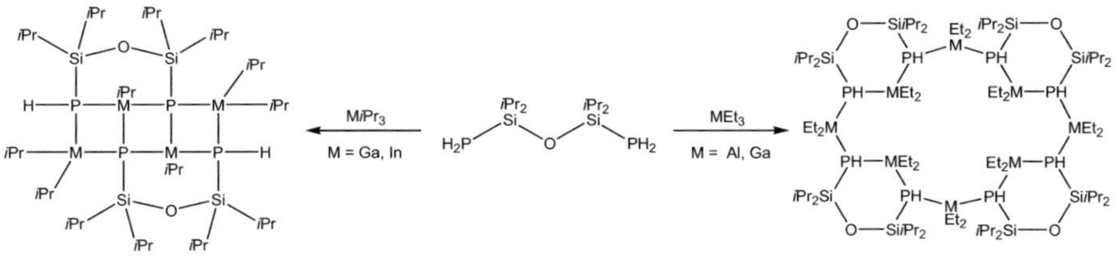

Abb. 9: Reaktionen von O(SiiPr$_2$PH$_2$)$_2$ mit Erdmetallorganylen

1.4 Aufbau neuartiger Ligandensysteme ausgehend von Diphosphanyl-silanen und -siloxanen

Die Synthese makrozyklischer Ligandensysteme ist bereits seit längerem bekannt. Schon in den 1960er Jahren gelang *Pedersen* die Darstellung eines Polyethers, der in der Lage war gezielt Kationen der Alkalimetalle zu koordinieren.[27] Daraufhin erfolgte eine Zunahme des Interesses an derartigen Verbindungen und eine Reihe von modifizierten Systemen wurde synthetisiert, die sich in Ringgröße, Art der Substituenten und Typ der Donoratome unterscheiden.[28,29] Die Erforschung und Etablierung dieser „Host-Guest-Chemie" für Metall-Ionen führte schließlich 1987 zur Würdigung der wegweisenden Erfolge von *Pedersen* durch die Verleihung eines Nobelpreises für Chemie zusammen mit *Lehn* und *Cram*.[30]

Die Entdeckung von analogen siliziumhaltigen makrocyclischen Ethern der Form $(Me_2SiO)_n$ liegt zeitlich sogar 20 Jahre vor der ersten Synthese eines Kronenethers, jedoch wurde nichts über Koordinationsverbindungen mit Metall-Ionen berichtet.[31] Dies ist nicht weiter überraschend, so haben Sila-Kronenether doch im Vergleich mit ihren organischen Analoga eine drastisch reduzierte Fähigkeit Metallkationen zu komplexieren.[32] Zurückzuführen ist dies auf die geringe Basizität der Sauerstoffatome im Siloxangerüst, so zeigen Siliziumether wie z.B. $(Me_3Si)_2O$ generell eine starke Abneigung Addukte mit Lewis-Säuren wie BCl_3 oder BF_3 zu bilden.[33,34] Eine mögliche Erklärung für diese schlechten Koordinationseigenschaften bietet eine Art negativer Hyperkonjugation, die zur Verschiebung von Elektronendichte von den p-Orbitalen des Sauerstoffs in das antibindende Orbital der Si-C-Bindung führt (Abb. 10), was jedoch nach wie vor kontrovers diskutiert wird.[35]

Erste Metallkomplexe wurden zufällig in den 1990er Jahren bei der Umsetzung hoch reaktiver Kaliumverbindungen mit Silikonfett erhalten.[36] Die gezielte Darstellung von Cyclosiloxankomplexen gelang erstmals *Passmore et al.* 2006 durch die Synthese der Verbindungen $LiD_5[Al(OR_F)_4]^-$ und $LiD_6[Al(OR_F)_4]$ ($D_n = (Me_2SiO)_n$, $OR_F = [OC(CF_3)_3]^-$).[37]

Auffällig ist, dass in diesen Verbindungen die Metallzentren völlig planar von ihren Ringliganden umgeben werden, während die entsprechenden koordinierten organischen Kronenether und die nicht koordinierten Cyclosiloxane eine Ringfaltung aufweisen.

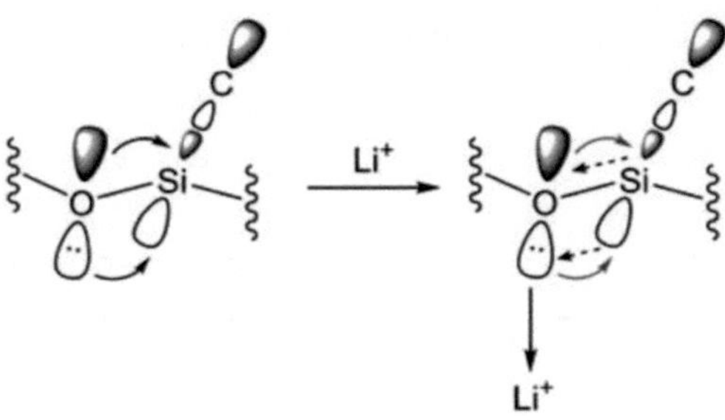

Abb. 10: Schematische Darstellung der $p^2(O) \longrightarrow \sigma^*(Si\text{-}C)$ Wechselwirkung und deren Polarisation durch Li$^+$

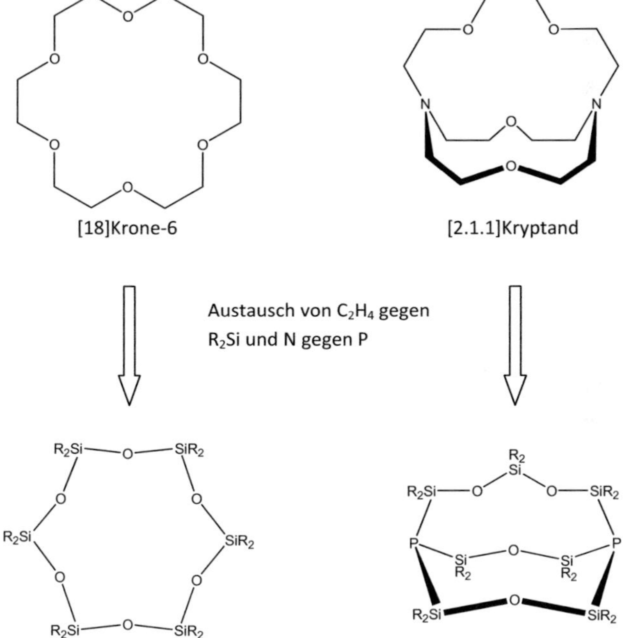

Abb. 11: Vergleich organischer Liganden mit ihren anorganischen Analoga (R = *i*Pr, Me)

Im Rahmen der Arbeiten in dieser Gruppe gelang schließlich in jüngster Zeit mit der Synthese von [{O(Si*i*Pr$_2$)$_2$P}$_2$Li][Li(TMEDA)$_2$] ausgehend von dem cyclischen Diphosphanylsiloxan [O(Si*i*Pr$_2$)$_2$PH]$_2$ die Herstellung eines anorganischen Ligandensystemes mit verschiedenen

Donoratomen. Weiterhin konnte durch die anschließende Umsetzung des metallierten Ringsystems [{O(SiiPr$_2$)$_2$P}$_2$Li][Li(TMEDA)$_2$] (Abb. 12 mitte) mit Me$_2$Si(OSiMe$_2$Cl)$_2$ der anorganische Kryptand [P$_2${O(SiiPr$_2$)$_2$}$_2${SiMe$_2$(OSiMe$_2$)$_2$}] (Abb. 12 rechts) erhalten werden. Diese Verbindung stellt das anorganische Analogon des 2.1.1-Kryptanden durch den formalen Austausch von C$_2$H$_4$ gegen R$_2$Si und N gegen P dar (Abb. 10).[38]

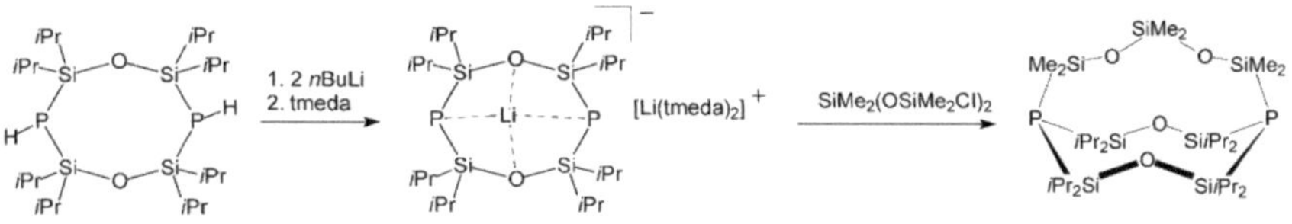

Abb. 12: Syntheseschema von [{O(SiiPr$_2$)$_2$P}$_2$Li][Li(TMEDA)$_2$] und
[P$_2${O(SiiPr$_2$)$_2$}$_2${SiMe$_2$(OSiMe$_2$)$_2$}]

Um nun den möglichen Einbau von Alkalimetall-Ionen in die Käfigverbindung im Vergleich zu den rein organischen Molekülen zu untersuchen, wurde aufgrund der schlechten Koordinationseigenschaften der Siloxane das Lithiumsalz des schwach koordinierenden Anions [Al(OR$_F$)$_4$]$^-$ eingesetzt und mit Li@[P$_2${O(SiiPr$_2$)$_2$}$_2${SiMe$_2$(OSiMe$_2$)$_2$}][Al(OR$_F$)$_4$] konnte erfolgreich eine Einlagerungsverbindung isoliert werden (Abb. 13).

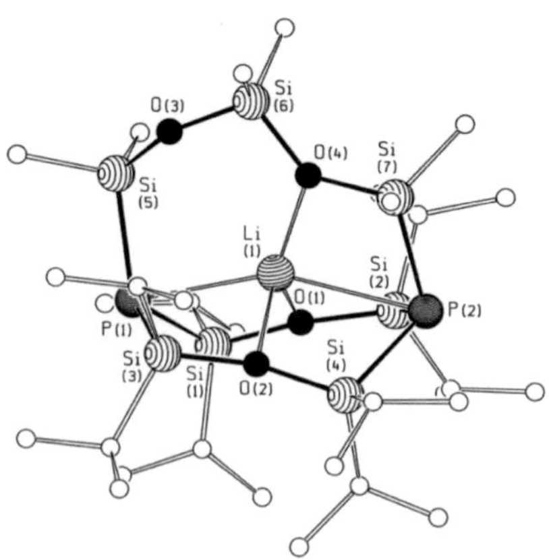

Abb. 13: Molekülstruktur von Li@[P$_2${O(SiiPr$_2$)$_2$}$_2${SiMe$_2$(OSiMe$_2$)$_2$}][Al(OR$_F$)$_4$]

Da an der Koordination des Li^+-Ions nur drei von vier vorhandenen Sauerstoffatomen beteiligt sind, wurde nachfolgend mit der Synthese der Verbindung $P_2[(SiMe_2)_2O]_3$ der Käfig verkleinert um die Frage zu klären, ob auch darin ein Li^+-Ion koordiniert werden kann. Erste Umsetzungen von $P_2[(SiMe_2)_2O]_3$ wurden mit den Lewis-Säuren $AlEt_3$ und $GaEt_3$ durchgeführt, um ein genaueres Bild über das Koordinationsverhalten der Käfigverbindung zu bekommen. Beobachtet wurde dabei eine Adduktbildung, bei der die Phosphoratome von $P_2[(SiMe_2)_2O]_3$ an je eine MEt_3-Einheit binden (Abb. 13 links). Die Reaktion von $Li[Al(OR_F)_4]$ mit $P_2[(SiMe_2)_2O]_3$ hingegen führte nicht nur zur Einlagerung des Metallatoms, sondern gleichzeitig zur Dimerisierung der Käfigverbindung unter Umlagerung mehrerer Si-P-Bindungen. Da jedoch nur die lithiumfreie dimere Verbindung $[O(SiMe_2)_2P]_2[O(SiMe_2)_2]_2$ im Festkörper isoliert werden konnte, ist die Art der Koordination des Lithiumatoms noch nicht vollständig geklärt. Es gibt dabei zwei mögliche Anordnungen, eine adamantanartige Anordnung des Käfigmoleküls, was zu einer tetraedrischen Koordination von Lithium führt (Abb. 14: a), oder eine unsymmetrischere Form des Liganden, die eine quadratisch-planare Koordination ermöglicht (Abb. 14: b). Durchgeführte quantenchemische Berechnungen haben jedoch ergeben, dass die stabilste Form der Struktur b ist, wobei sich noch zusätzlich Wechselwirkungen zwischen dem Lithiumatom und zwei Sauerstoffatomen der Siloxanringe ergeben.[39]

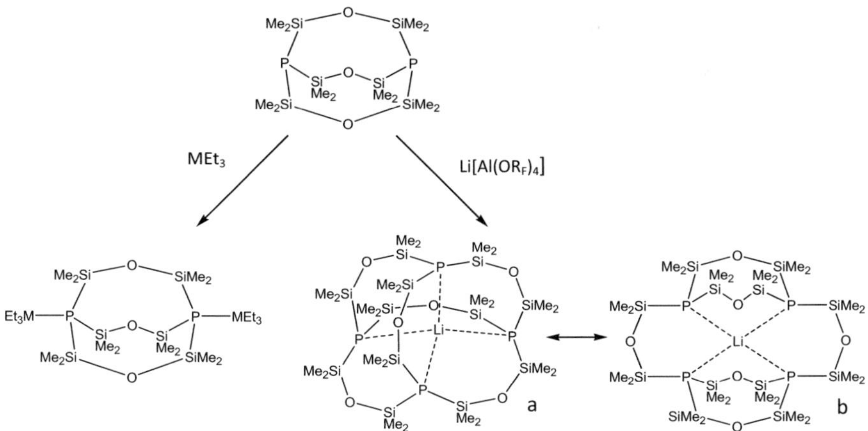

Abb. 14: Schema der Metallierungsreaktionen von $P_2[(SiMe_2)_2O]_3$ (M = Al, Ga)

2   Aufgabenstellung

Aus dem in Kapitel 1 dargelegten Stand der Literatur geht hervor, dass die Synthese und Strukturchemie der Phosphanide der Erdalkalimetalle, die ausgehend von primären oder sekundären Silylphosphanen erhalten wurden, schon recht weitgehend untersucht worden sind. Über die entsprechende Chemie ausgehend von difunktionalisierten Silylphosphanen liegen hingegen erst wenige Erkenntnisse vor.

Ziel der vorliegenden Arbeit sollte deshalb die Synthese neuartiger Diphosphanylsiloxane und deren Umsetzung mit den Amiden der Erdalkalimetalle sein, um neue Strukturmotive zu erhalten und einen Einblick in die veränderte Reaktivität im Vergleich zu den primären und sekundären einfach funktionalisierten Silylphosphanen zu ermöglichen. Ferner sollten auch Gruppe 13 Elemente zur Metallierung der synthetisierten Diphosphanylsiloxane eingesetzt werden.

In Zusammenhang mit den Untersuchungen der Reaktivität von Diphosphanylsiloxanen gegenüber Erdalkalimetallamiden und Metallorganylen der Gruppe 13 sollten die erhaltenen Produkte auch auf ihre Reaktivität bezüglich Substitution und Oxidation unter Knüpfung von P-P Bindungen erforscht werden. Im Rahmen dessen sollten auch neue hybride Ligandensysteme synthetisiert werden, die sowohl aus anorganischen als auch organischen Einheiten aufgebaut sind. Anschließend sollten die koordinativen Eigenschaften dieser neuen Verbindungen im Bezug auf die Komplexierung von Metallatomen untersucht werden, um einen im Vergleich zu den entsprechenden rein anorganisch oder organischen Molekülen zu ermöglichen.

3   Ergebnisse und Diskussion

3.1 Allgemeines

Die in dieser Arbeit gezeigten Abbildungen und Molekülstrukturen wurden mit den Programmen Diamond 3[40] und ChemDraw Ultra[41] erstellt. Zur Darstellung wurde entweder das Kugel-Stab- oder das Ellipsoid-Stab-Modell verwendet. Beim Ellipsoid-Stab-Modell geben die thermischen Auslenkungsellipsoide 50% Aufenthaltswahrscheinlichkeit der Atome an. Aus Gründen der Übersichtlichkeit sind die Wasserstoffatome nicht abgebildet.

Die für die Darstellung der Moleküle verwendete Zuordnung von Mustern und Graustufen für bestimmte Atome ist in der folgenden Legende wiedergegeben:

C   O   Si   P   Li, Ca, Sr, Ba, Ag   Br, I   Al, Ga, In

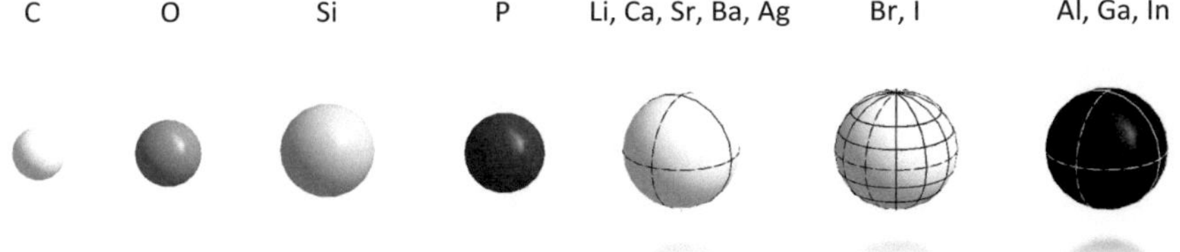

Die angegebenen Reaktionsgleichungen und Schemata sind nicht im Sinne stöchiometrischer Gleichungen zu verstehen, sondern als Formalismus, welcher die eingesetzten Edukte und die entstandenen und charakterisierten Produkte einer Reaktion wiedergibt.

3.2 Verwendete Syntheseprinzipien

Im Rahmen der in dieser Arbeit durchgeführten Reaktionen kamen folgende Synthesestrategien zum Einsatz um die untersuchten Verbindungen darzustellen:

> Metathesereaktion von metallierten Phosphaniden der Form $(R_2P)_nM$ (n = 1: M = Li; n = 2: M = Ca, Sr, Ba) mit halogenierten Organylen der Form XR' (X = Cl, Br, I), wobei die Triebkraft der Reaktion auf der Bildung des Metallsalzes MX bzw. MX_2 beruht.

> Brönsted-Säure-Base-Reaktionen von Diphosphanylsiloxanen der Form R_2PH mit den Bis(trimethylsilyl)amiden der Erdalkalimetalle der Form $M[N(SiMe_3)_2]_2$ (M = Ca, Sr, Ba) unter Protonierung des Amidrestes zu $HN(SiMe_3)_2$.

> Protonenaustausch von Metallorganylen MR_3 (M = Al, Ga, In; R = Et, *i*Pr) der 13. Gruppe mit sekundären Diphosphanylsiloxanen R'_2PH durch Abspaltung einer oder mehrerer Alkylgruppen.

3.3   Synthese und Struktur von Erdalkalimetall-Derivaten des cyclischen Diphosphanylsiloxans $[O(Si\textit{i}Pr_2)_2PH]_2$

Die Reaktion des cyclischen Diphosphanylsiloxans $[O(Si\textit{i}Pr_2)_2PH]_2$ mit den Metallamiden $M[N(SiMe_3)_2]_2$ (M = Ca, Sr, Ba) der 2. Gruppe führt unter Abspaltung des Silazanidrestes $HN(SiMe_3)_2$ zur Metallierung des Ringsystems. Man erhält im Gegensatz zu den bereits untersuchten primären Diphosphanylsiloxanen, welche zur Bildung von mehrkernigen Komplexen neigen, ausschließlich monomere Molekülverbindungen, die als farblose Plättchen aus DME auskristallisiert werden können.[5]

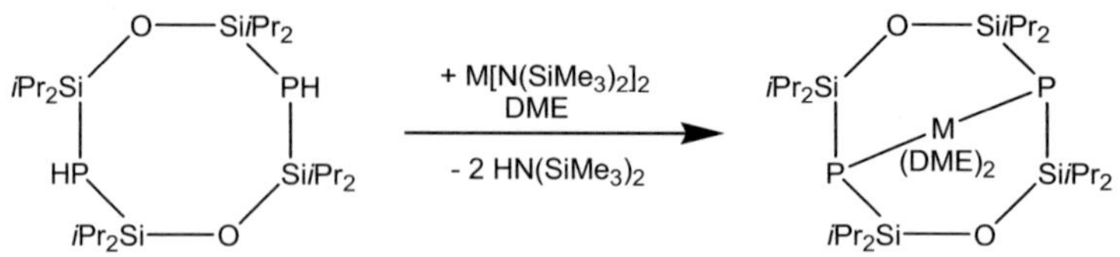

Abb. 15: Reaktion von $[O(Si\textit{i}Pr_2)_2PH]_2$ mit Metallamiden der 2. Gruppe
(M = Ca (**1**), Sr (**2**), Ba (**3**))

3.3.1   Molekülstruktur von [P$_2${O(SiiPr$_2$)$_2$}$_2$Ca(DME)$_2$] (1)

Verbindung **1** kristallisiert in der orthorhombischen Raumgruppe Pca2$_1$ mit zwei unabhängigen Molekülen pro Elementarzelle, welche sich nur leicht durch die verschiedenen Anordnungen der beiden koordinierten DME-Moleküle voneinander unterscheiden.

Das Diphosphanylsiloxan-Ringsystem liegt, im Gegensatz zu seiner freien nicht-metallierten Form, die eine sesselähnliche Struktur besitzt,[8] in wannenähnlicher Konformation vor, wobei die beiden Phosphoratome die Spitzen bilden. Das Ca-Atom wird von diesen koordiniert und bindet zusätzlich an zwei DME-Moleküle, welche die verbleibenden Koordinationsstellen absättigen. Dadurch ergibt sich eine sehr stark verzerrt oktaedrische Umgebung für das Calcium.

Die P-Ca-Bindungsabstände liegen mit 291.2 – 292.8 pm im erwarteten Bereich, wie sie auch für ähnliche Calcium-Phosphor-Verbindungen beobachtet wurden.[10,42] Das durch die Metallierung gebogene Ringsystem weist mit durchschnittlich 153.7° etwas spitzere Si-O-Si-Winkel auf als im freien Molekül (165.9°), während die P-Si-Bindungen mit durchschnittlich 221.6 pm von ähnlicher Länge sind.

Die NMR-spektroskopische Analyse zeigt erwartungsgemäß für die beiden äquivalenten Phosphoratome im ^{31}P-NMR-Spektrum ein Singulett bei -283.0 ppm, das eine leichte Hochfeldverschiebung von 14 ppm gegenüber dem nicht metallierten Siloxaphosphanring aufweist. Im ^{1}H-NMR-Spektrum kann keine eindeutige Zuordnung der Signale erfolgen, da die Signale der verschiedenen H-Atome an den iso-Propylgruppen aufeinander fallen. Eindeutig identifizierbar sind nur die Signale der koordinierten DME-Moleküle und die Hälfte der Methinwasserstoffe, die durch ihre leichte Hochfeldverschiebung nicht mit den Signalen der restlichen iso-Propylgruppen überlagern.

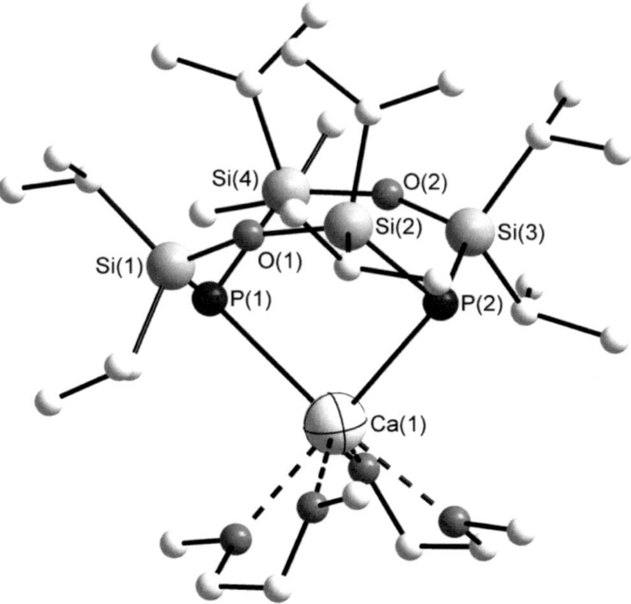

Abb. 16: Molekülstruktur von **1** im Kristall

Tabelle 1: Ausgewählte Bindungslängen und –winkel in **1**

Abstände [pm]		Winkel [°]	
Ca(1)-P(1)	292.8(3)	P(1)-Ca(1)-P(2)	96.21(7)
Ca(1)-P(2)	291.2(3)	Si(1)-P(1)-Si(4)	104.53(12)
P(1)-Si(1)	221.7(3)	Si(2)-P(2)-Si(3)	105.22(12)
P(1)-Si(4)	222.3(3)	Si(1)-O(1)-Si(2)	152.9(4)
P(2)-Si(2)	221.4(3)	Si(3)-O(2)-Si(4)	154.7(4)
P(2)-Si(3)	222.4(3)		

3.3.2   Molekülstruktur von [P$_2${O(SiiPr$_2$)$_2$}$_2$Sr(DME)$_2$] (2)

Setzt man Sr[N(SiMe$_3$)$_2$]$_2$ statt Ca[N(SiMe$_3$)$_2$]$_2$ zur Metallierung von [O(SiiPr$_2$)$_2$PH]$_2$ ein, so bildet sich Verbindung **2**, welche isotyp zu **1** ebenfalls mit zwei Molekülen pro Elementarzelle in der orthorhombischen Raumgruppe Pca2$_1$ kristallisiert.

Die P-Sr Bindungslängen nehmen Werte zwischen 304.0 und 308.6 pm an und sind somit ein wenig kürzer als in der entsprechenden dimeren Verbindung des primären Diphosphanylsiloxans (siehe Kapitel 1.2.1).[14] Der Abstand der beiden Phosphoratome zueinander ist mit 458 pm gegenüber Verbindung **1** mit 434 pm deutlich vergrößert. Dies ist auf ein im Vergleich zu **1** weniger stark gespanntes Ringsystem zurückzuführen, was sich auch in den Si-O-Si-Winkeln bemerkbar macht, die nun mit durchschnittlich 157.5° etwas näher an denen des nichtmetallierten Moleküls liegen. Die P-Si Bindungen dagegen sind mit durchschnittlich 221.0 pm praktisch identisch zu Verbindung **1**.

Analog zu **1** zeigt das ^{31}P-NMR-Spektrum ein Singulett bei -280.7 ppm und ein ebenfalls identisches Aufspaltungsmuster des ^{1}H-NMR-Spektrums sowie ähnliche chemische Verschiebungen, bei dem wiederum nur die Signale der DME-Moleküle und von vier der acht Methinwasserstoffe zuordbar sind.

Tabelle 2: Ausgewählte Bindungslängen und –winkel in **2**

Abstände [pm]		Winkel [°]	
Sr(1)-P(1)	308.6(2)	P(1)-Ba(1)-P(2)	105.65(2)
Sr(1)-P(2)	304.7(2)	Si(1)-P(1)-Si(4)	104.00(12)
P(1)-Si(1)	221.3(3)	Si(2)-P(2)-Si(3)	104.49(12)
P(1)-Si(4)	221.3(4)	Si(1)-O(1)-Si(2)	158.3(5)
P(2)-Si(2)	220.8(4)	Si(3)-O(2)-Si(4)	156.9(5)
P(2)-Si(3)	221.6(3)		

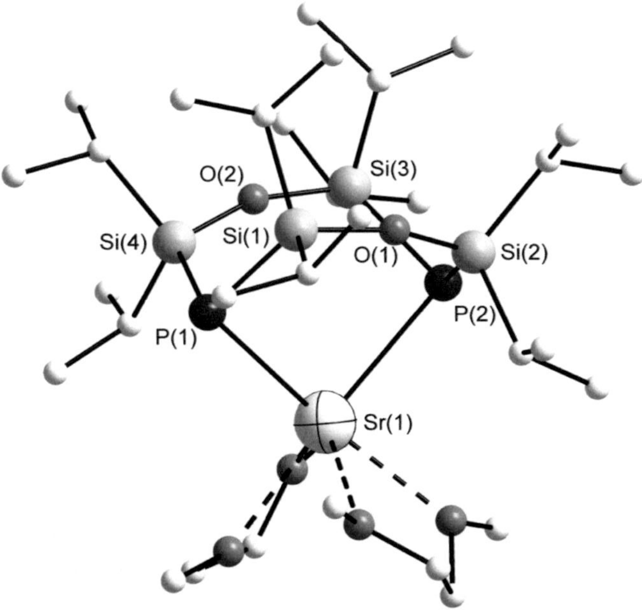

Abb. 17: Molekülstruktur von **2** im Kristall

3.3.3   Molekülstruktur von [P₂{O(Si*i*Pr₂)₂}₂Ba(DME)₂] (3)

Die Reaktion von Ba[N(SiMe₃)₂]₂ mit [O(Si*i*Pr₂)₂PH]₂ führt schließlich zur Bildung von Verbindung **3**, die anders als ihre leichteren Homologen in der monoklinen Raumgruppe *P*2₁/n mit nur einem Molekül pro Elementarzelle kristallisiert.

Dieser Unterschied zu **1** und **2** setzt sich auch im Molekülaufbau fort, so ist auffallend, dass die in den vorher beschriebenen Verbindungen leicht zueinander verdrehten Siloxanbrücken nun planar in einer Ebene angeordnet sind und die Si-O-Si-Winkel mit 165.1° bzw. 176.6° sehr nah an einer linearen Anordnung liegen. Dies führt zu einer Aufweitung des Abstands der beiden Phosphoratome mit 520.5 pm zueinander, beeinflusst jedoch die Bindungssituation des Siloxangerüstes nicht.

Desweiteren ist bemerkenswert, dass die Ba-P-Abstände mit 328.4 und 324.8 pm für ein sekundäres Phosphanid im Vergleich zu bereits bekannten Barium-Phosphor-Verbindungen recht lang ausfallen,[12,14] während die Abstände zu den Sauerstoffatomen in den Siloxanbrücken, trotz ihrer enormen Länge mit O(1)-Ba(1) 339.5 pm und O(2)-Ba(1) 315.8 pm, noch unterhalb der Summe ihrer van-der-Waals-Radien (352 pm) liegen und somit auf eine koordinative Interaktion hinweisen. Dies kann für die Verbindungen **1** und **2** ausgeschlossen werden, da dort der Metall-Sauerstoff-Abstand mindestens 380 pm beträgt und die O-Atome im Gegensatz zu **3** vom Metallzentrum weg nach außen abgewinkelt sind. Somit ist bei **3** erstmals eine koordinative Barium-Sauerstoff-Interaktion in einem Siloxangerüst zu beobachten. Diese ist erwartungsgemäß deutlich schwächer, wie der Vergleich zu den Ba-O-Bindungslängen der beiden freien koordinierten DME Molekülen zeigt, die im Mittel 285.8 pm betragen. Durch diese zusätzlichen Wechselwirkungen erhält das Barium insgesamt die Koordinationszahl 8 und seine Koordinationssphäre kann als stark verzerrtes quadratisches Antiprisma beschrieben werden.

Ähnliche koordinative Bindungen konnten bisher nur in der entsprechenden Lithiumverbindung Li(TMEDA)$_2$[{O(SiiPr$_2$)P}$_2$Li],[43] in welcher ebenfalls Metall-Siloxansauerstoff-Bindungen auftreten, sowie in den von *Passmore et al.* synthetisierten Cyclosiloxan-Lithiumkomplexen beobachtet werden.[37]

Auch in **3** zeigt das ^{1}H-NMR-Spektrum das für diese Verbindungsart typische Aufspaltungsmuster wie **1** und **2** mit denselben charakteristischen chemischen Verschiebungen. Im ^{31}P-NMR-Spektrum tritt eine Tieffeldverschiebung des Singuletts der P-Atome zu -260.7 ppm auf, die einen Hinweis auf den zunehmenden kovalenten Charakter der Metall-Phosphor-Bindung mit steigender Periode des eingesetzten Erdalkalimetalls gibt.

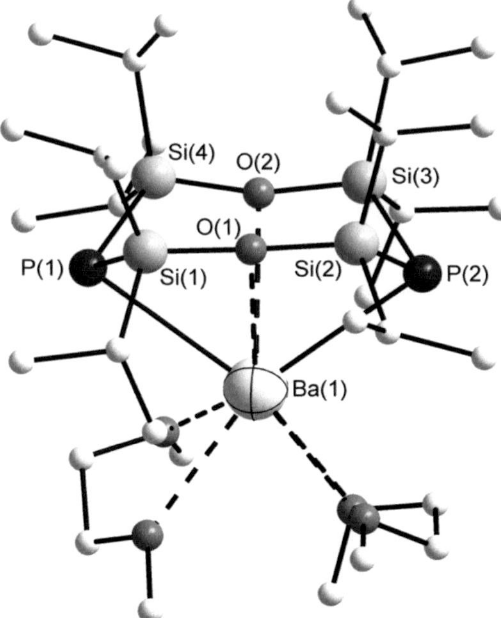

Abb. 18: Molekülstruktur von **3** im Kristall

Tabelle 3: Ausgewählte Bindungslängen und –winkel in **3**

Abstände [pm]		Winkel [°]	
Ba(1)-P(1)	328.42(8)	P(1)-Ba(1)-P(2)	105.65(2)
Ba(1)-P(2)	324.79(9)	Si(1)-P(1)-Si(4)	106.37(3)
P(1)-Si(1)	220.04(9)	Si(2)-P(2)-Si(3)	103.03(3)
P(1)-Si(3)	220.57(9)	Si(1)-O(1)-Si(2)	176.62(15)
P(2)-Si(2)	221.13(9)	Si(3)-O(2)-Si(4)	165.06(12)
P(2)-Si(4)	219.86(10)		
Ba(1)-O(1)	339.56(7)		
Ba(1)-O(2)	315.82(17)		

3.4   Oxidation metallierter Diphosphanylsiloxane durch Metathese

Metallierte Phosphanide, wie z.B. die in Kapitel 3.3 beschriebenen Verbindungen, bieten die Möglichkeit einer oxidativen Kupplung durch Metathesereaktion mit organischen Halogeniden unter Metallsalzabspaltung. Setzt man dafür das Reagenz $C_2H_4Br_2$ ein, so findet erfahrungsgemäß keine Insertion eines C_2H_4-Fragmentes statt, sondern man erhält eine intramolekulare Knüpfung einer P-P-Bindung. Werden so primäre metallierte Diphosphanylsiloxane oxidiert, so kann man unter Eliminierung von Metallhalogenid und Ethen eine sekundäre Verbindung mit zwei noch verbleibenden P(H)-Gruppen erzeugen, die sich für weitere Synthesen derselben Art eignet und bei deren Metallierung und anschließender Oxidation ein P_4-Ringsystem erhalten wird.

3.4.1   Molekülstruktur von $P_2[O(Si\mathit{i}Pr_2)_2]_2$ (4)

Werden **1** - **3** mit $C_2H_4Br_2$ in THF umgesetzt, erhält man, nachdem das bei der Reaktion angefallene Erdalkalimetallbromid durch Extraktion mit *n*Pentan abgetrennt wurde, große farblose stäbchenförmige Kristalle der Verbindung **4** aus dem Extrakt. **4** kristallisiert in der monoklinen Raumgruppe *C*2/c mit einem halben Molekül pro Elementarzelle.

Verbindung **4** lässt sich als zwei an der P-P-Bindung kantenverknüpfte P_2Si_2O-Ringsysteme beschreiben. Eine ähnlich aufgebaute Verbindung, die Methylsubstituenten an den Si-Atomen aufweist und in welcher die Phosphoratome durch Stickstoffatome ersetzt sind, konnte bereits 1971 von *Wannagat* aus $O(SiMe_2Cl)_2$ und N_2H_4 synthetisiert werden, jedoch liegen für diese Verbindung keine Strukturinformationen vor.[44] Die beiden Siloxanbrücken sind an der P-P-Achse mit einem Winkel von 112.5° (Si(1)-P(1)-Si(2)) butterfly-artig zueinander gefaltet und weisen eine starke Verdrehung über die O(1)-O(1)'-Achse auf, welche auf die sterisch anspruchsvollen iso-Propylgruppen an den Siliziumatomen zurückzuführen ist. Der Si-O-Si-Winkel ist mit 128.8° wesentlich spitzer als in **1 − 3** und der entsprechenden P(H)-Verbindung $[O(Si\mathit{i}Pr_2)_2PH]_2$, wogegen der Si(1)-P(1)-Si(2)-Winkel mit 112.3° etwas aufgeweitet erscheint.

Die Bindungslängen der P-Si-Bindungen mit 228.2 und 226.7 pm sowie die der Si-O-Bindungen mit 164.8 und 165.5 pm sind jedoch nahezu identisch mit denen der protonierten Ringverbindung, nur der Abstand der beiden Phosphoratome liegt mit 224.5 pm leicht über dem zu erwartenden Bereich einer typischen P-P-Einfachbindung.

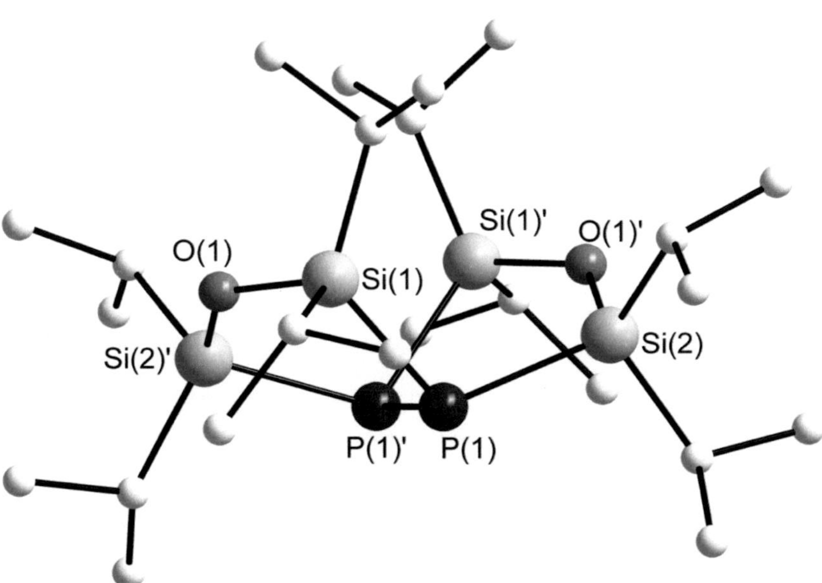

Abb. 19: Molekülstruktur von **4** im Kristall

Tabelle 4: Ausgewählte Bindungslängen und –winkel in **4**

Abstände [pm]		Winkel [°]	
P(1)-P(1)′	224.46(7)	Si(1)-P(1)-Si(2)	106.37(3)
P(1)-Si(1)	228.16(5)	Si(1)-O(1)-Si(2)′	176.62(15)
P(1)-Si(2)	226.69(7)		
Si(1)-O(1)	165.49(10)		
Si(2)-O(1)′	164.79(9)		

Im ^{31}P-NMR-Spektrum kann für die beiden äquivalenten P-Atome ein Singulett bei -226.2 ppm beobachtet werden. Im ^{1}H-NMR-Spektrum erhält man zwei Signale für die iso-Propylgruppen, die keine weitere Feinaufspaltung zeigen und daher nicht zwischen Methyl- und Methin-Wasserstoffen unterschieden werden kann.

Ein interessantes Phänomen kann im ^{29}Si-NMR-Spektrum beobachtet werden: Dort findet sich ein Triplett bei 29.9 ppm, dessen Auftreten auf das Vorhandensein eines AA'X-Spinsystems zurückzuführen ist. Würde es sich um ein Spektrum erster Ordnung handeln, wäre für die Si-Atome eine Aufspaltung zum Dublett durch den Phosphor zu erwarten. Dieser Fall liegt dann vor, wenn die Kopplungskonstante J_{PP} gegen 0 tendiert. Findet jedoch eine starke Kopplung der Kerne A und A' statt, so erhält man als Aufspaltungsmuster ein Triplett mit der Summe $J_{AX} + J_{A'X}$ als scheinbare Kopplungskonstante, da für A und A' eine gleichberechtigte, „virtuelle" Kopplung mit X vorliegt. Eine Bestimmung der Kopplungskonstante $J_{AA'}$ ist nur für einen Bereich möglich, in dem das Verhältnis der beiden Kopplungskonstanten $r = J_{AA'}/J_{AX}$ zwischen $r = 0.2 - 1.0$ liegt, nur dann ist das Auftreten sogenannter Kombinationslinien im Spektrum erkennbar (Abb. 20) und diese können zur Bestimmung herangezogen werden.[45] Diese Besonderheit im Aufspaltungsmuster kann ebenfalls im ^{13}C-NMR-Spektrum beobachtet werden, dort findet sich ebenfalls ein solches AA'X pseudo-Triplett als Kopplungsmuster der CH-Gruppen von **4**.

Im aufgenommenen Massenspektrum zeigt sich der Molekülpeak bei m/z = 549.9 und es lassen sich vier weitere Signale mit abnehmender Intensität für die entstehenden Fragmente durch die schrittweise Abspaltung je eines iso-Propylrestes beobachten.

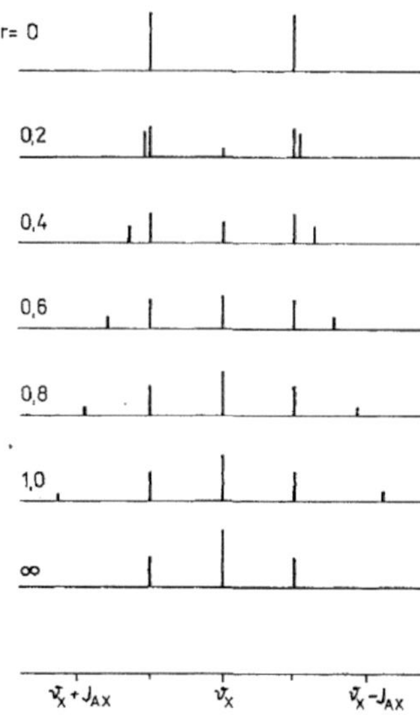

Abb. 20: Strichspektren des X-Teils eines AA'X-Spinsystems mit $J_{A'X} = 0$ in Abhängigkeit von

$$r = |J_{AA'}/J_{AX}|$$

3.4.2   Synthese und Charakterisierung von (HPSiiPr$_2$)$_2$O (5)

Überträgt man das Synthesekonzept für **4** auf die entsprechende primäre Siloxaphosphanverbindung O(SiiPr$_2$PH$_2$)$_2$, kann nach deren Metallierung mit Sr[N(SiMe$_3$)$_2$]$_2$ und anschließender Eliminierung von SrBr$_2$ durch die Umsetzung mit C$_2$H$_4$Br$_2$ ein Ringschluß unter Knüpfung einer P-P Bindung erzielt werden. Man erhält somit einen Si$_2$P$_2$O-Fünfring mit je zwei iso-Propylgruppen an den Si-Atomen, welche an die beiden verknüpften P(H)-Gruppen binden. Hier führt besonders der Einsatz der Erdalkalisilazanide als Metallierungsreagenz zu einem hohen Umsatzgrad, da aufgrund der Struktur der entsprechenden Lithiumverbindung, die eine kettenartige Verknüpfung der metallierten Diphosphanylsiloxan-Einheiten aufweist, die Bildung von oligomeren Nebenprodukten durch intermolekulare Bindungsknüpfung begünstigt ist.[26] Generell erhält man bei der Synthese von **5** immer Spuren des Eduktes O(SiiPr$_2$PH$_2$)$_2$ und von Verbindung **8**, welche auf den bisher nicht näher bekannten Reaktionsmechanismus bei der Bildung von **8** zurückgeführt werden kann (siehe Kapitel 3.4.5). Während sich **8** mittels Durchführung einer Vakuumdestillation aus dem Produktgemisch entfernen lässt, kann **5** nicht destillativ von seinem Edukt $O(SiiPr_2PH_2)_2$ getrennt werden, da die Siedepunkte infolge der großen Ähnlichkeit der Moleküle identisch sind.

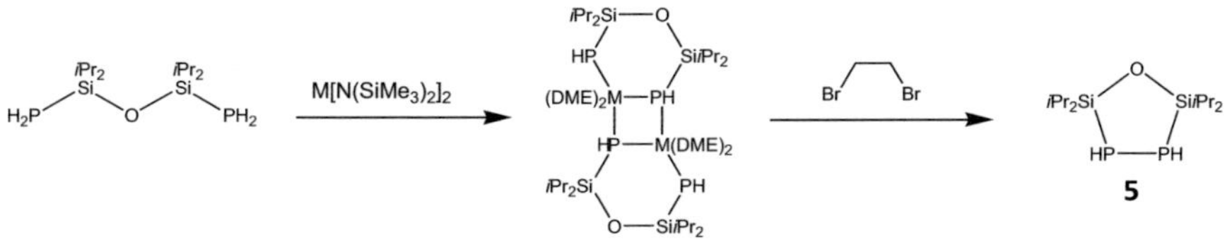

Abb. 21: Syntheseschema von **5** (M = Sr, Ba)

5 ist bei Raumtemperatur eine klare viskose Flüssigkeit, welche sich an Luft langsam unter PH_3-Abspaltung und Bildung eines gelben Rückstandes zersetzt. Ähnliche Fünfring-Verbindungen wie $HP(SiMe_2PH)_2$ und $HP(SiEt_2PH)_2$ konnten bisher nur von *Fritz* als nicht näher charakterisierte Nebenprodukte bei der Reaktion von Li-Phosphiden mit R_2SiCl_2 beobachtet werden.[46]

Das ^{31}P-NMR-Spektrum von **5** zeigt ein sehr charakteristisches Aufspaltungsmuster höherer Ordnung bei -228.3 ppm, das aus dem Vorhandensein eines AA'XX'-Spinsystems resultiert. Ein solches Spinsystem besteht aus jeweils zehn Linien für den AA'- und den XX'-Teil, die zueinander symmetrisch sind, wobei vorausgesetzt wird, dass die Differenz der chemischen Verschiebungen der Kopplungspartner A und X hinreichend groß ist. Dies ist im vorliegenden Fall durch die unterschiedlichen Elemente der Kopplungspartner gegeben, im Falle einer reinen H-H-Kopplung kann es jedoch aufgrund ähnlicher chemischer Verschiebungen zu einer Annäherung der beiden Teilspektren kommen, deren Überlappung einen Grenzfall darstellt und als AA'BB'-Spinsystem bezeichnet wird. Der zu dem im ^{31}P-NMR-Spektrum sichtbaren XX'-Teil (siehe Abb. 23) gehörende AA'-Teil des Spinsystems findet sich im hier beobachteten Fall im ^{1}H-NMR-Spektrum wieder. Das Aufspaltungsmuster der Teilspektren wird durch vier Kopplungskonstanten $J_{AA'}$, $J_{XX'}$, J_{AX} und $J_{AX'}$ bestimmt, deren Zusammenhang in Abb. 22 dargestellt ist. Für den Fall von J = J' würde man zu einem A_2X_2-System erster Ordnung gelangen, das ein Aufspaltungsmuster von zwei Tripletts zur Folge hätte. Die Analyse eines solch komplexen Spinsystems kann nicht auf triviale Weise erfolgen, sondern muss mathematisch über die Bestimmung ausgewählter spektraler Parameter durchgeführt werden und ergibt folgende Werte: J_H = 17.0 Hz, J_P = 175.7 Hz, J_{PH} = 191.1 Hz, $J_{PH'}$ = 21.0 Hz.[47]

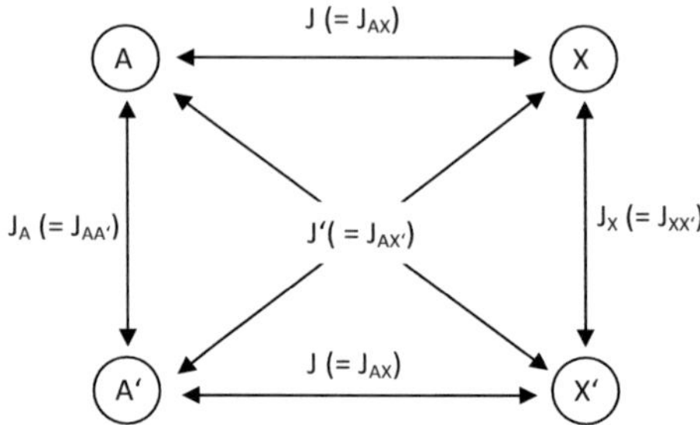

Abb. 22: Abhängigkeit der Kopplungskonstanten eines AA'XX'-Spinsystems

Im ^{29}Si[H]-NMR-Spektrum reduziert sich die Komplexität des Spinsystems durch den fehlenden Kopplungsbeitrag der H-Atome auf den schon für Verbindung **4** beschriebenen X-Teil eines AA'X-Spinsystems und es lässt sich dort bei 36.9 ppm als erwartetes pseudo-Triplett beobachten.

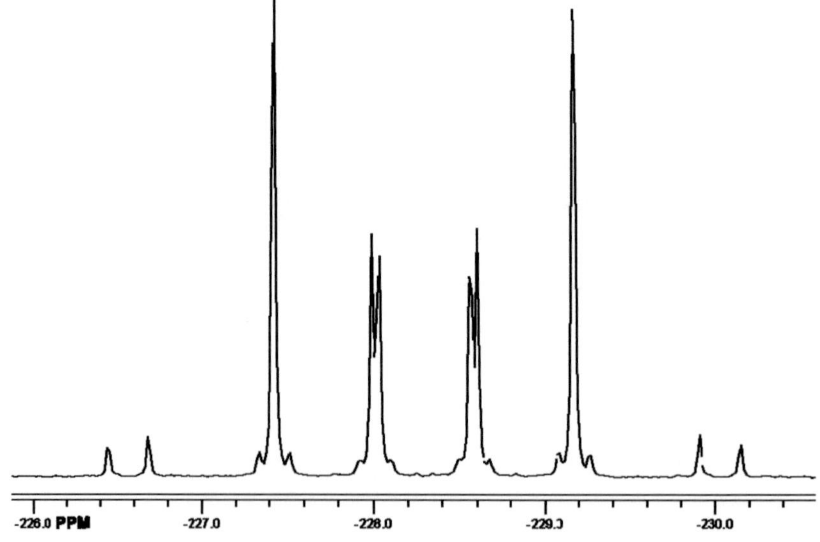

Abb. 23: Ausschnitt des ^{31}P-NMR-Spektrums von **5** mit dem XX'-Teil des Spektrums

3.4.3   Molekülstruktur von [{P$_2$(SiiPr$_2$)$_2$O}$_2${Sr(DME)$_2$}$_2$] (6)

Verbindung **5** enthält noch zwei acide P(H)-Protonen, die eine erneute Umsetzung mit einem Erdalkalisilazanid erlauben. Wie erwartet erhält man die metallierte Verbindung **6** aus der Reaktion von Sr[N(SiMe$_3$)$_2$]$_2$ mit **5** unter Abspaltung von HN(SiMe$_3$)$_2$ in DME. **6** kristallisiert als dimere Molekülverbindung in der monoklinen Raumgruppe *P*2$_1$/n mit einer halben Formeleinheit pro Elementarzelle.

Das zentrale Strukturmotiv bildet ein verzerrter Oktaeder, dessen apikale Positionen durch je ein Strontiumatom besetzt sind und in den vier äquatorialen Positionen befinden sich die Phosphoratome der beiden P$_2$Si$_2$O-Fünfringe. Diese liegen somit planar in einer Ebene, so dass sich ein Inversionszentrum in der Mitte zwischen den beiden P-P-Achsen befindet. Das Strontiumatom weist als Koordinationspolyeder ein stark verzerrtes quadratisches Antiprisma auf, dessen eine Seite durch die P-Atome gebildet wird, während auf der gegenüberliegenden Seite zwei DME-Moleküle ankoordiniert sind und erhält damit die für Strontium eher seltene Koordinationszahl 8.

Dieser Strukturtyp ist ein für Strontium unerwartetes Ergebnis, so haben neueste Untersuchungen der primären Erdalkali-Diphosphanylsiloxane gezeigt, dass für Strontium planare M$_2$P$_2$-Ringsysteme (Abb. 24: II) oder deren einfach überkappt verbrückte Analoga (Abb. 24: III) als energetisch bevorzugte stabilste Strukturmotive erwartet und auch beobachtet werden. Die hier gefundene oktaedrische Anordnung entspricht hingegen der erwarteten Struktur, die für Barium vorhergesagt wurde (Abb. 24: IV) und bei der Reaktion des primärem Diphosphanylsiloxans O(SiiPr$_2$PH$_2$)$_2$ mit Ba[N(SiMe$_3$)$_2$]$_2$ auch erstmals isoliert werden konnte.[14]

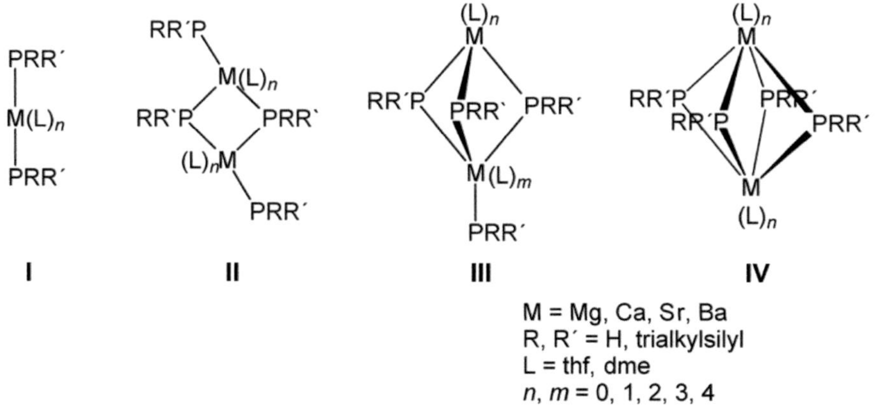

M = Mg, Ca, Sr, Ba
R, R´ = H, trialkylsilyl
L = thf, dme
n, m = 0, 1, 2, 3, 4

Abb. 24: Bekannte Strukturmotive von Erdalkaliphosphaniden der Form $[(L)_nM(PRR')_2]_x$
(x = 1, 2)

Tabelle 5: Ausgewählte Bindungslängen und –winkel in **6**

Abstände [pm]		Winkel [°]	
Sr(1)-P(1)	310.86(11)	Sr(1)-P(1)-Sr(1)´	85.69(2)
Sr(1)-P(2)	312.71(11)	Sr(1)-P(2)-Sr(1)´	84.97(2)
Sr(1)´-P(1)	310.41(10)	Si(1)-P(1)-P(2)	98.07(4)
Sr(1)´-P(2)	312.81(10)	Si(2)-P(2)-P(1)	98.29(4)
P(1)-P(2)	229.44(12)	Si(1)-O(1)-Si(2)	124.03(11)
P(1)-Si(1)	221.05(11)		
P(1)-Si(2)	221.41(11)		
Sr(1)-Sr(1)´	422.49(8)		

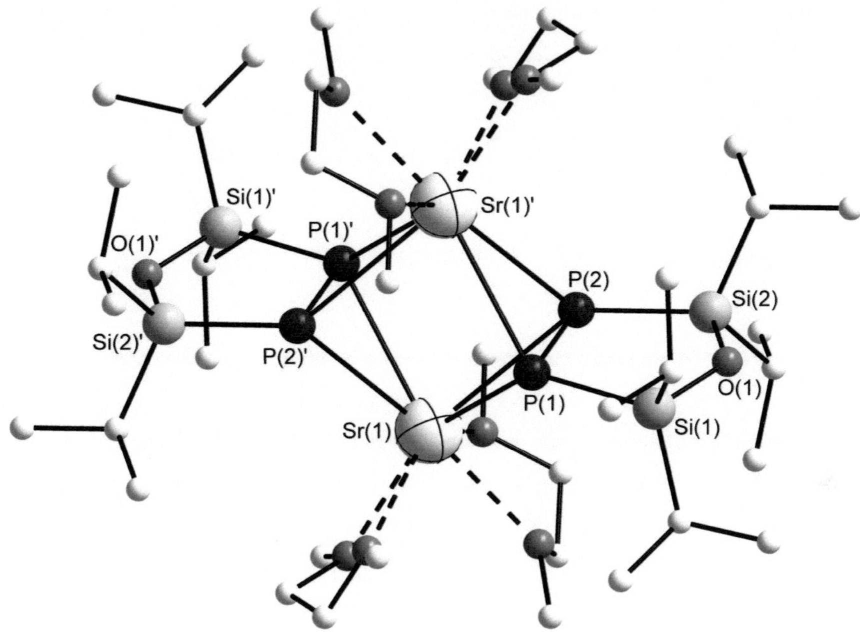

Abb. 25: Molekülstruktur von **6** im Kristall

Der P-P-Abstand ist mit 229.4 pm durch den ionischen Charakter der P-Sr-Bindung leicht aufgeweitet, was aus den eng beieinanderliegenden negativen Ladungen an den Phosphoratomen resultiert. Die Sr-P-Abstände sind mit durchschnittlich 311.5 pm aufgrund der hohen Koordinationszahl des Strontiumatoms ebenfalls länger als in bekannten Strontiumphosphaniden.[11,14] Die Si-P-Bindungslängen hingegen erscheinen im Mittel mit 221.2 pm identisch zu denen der bereits diskutierten Verbindungen, selbiges gilt für die Si-O-Abstände. Betrachtet man nun den Bindungswinkel des Siloxanfragmentes, so findet sich bedingt durch die vorliegende P-P-Bindung mit 124.0° ein ähnlicher Wert, wie man ihn bereits in **4** beobachten konnte.

Vergleicht man die Strukturgeometrie von **6** mit der Verbindung [Sr(HPSi*i*Pr$_2$)$_2$O(DME)$_2$]$_2$ aus Kapitel 1.2.1, so stellt man fest, dass der Metall-Metall-Abstand der Strontiumatome in der Sr$_2$P$_2$-Konfiguration mit 502.0 pm deutlich größer ist als in **6** mit nur 422.4 pm, die Umwandlung in den oktaedrischen Strukturtyp ist also mit einer starken Annäherung der

Metallatome verbunden. Dies hat jedoch nur wenig Auswirkungen auf den Abstand der Diphosphanylsiloxan-Anionen, da für die Distanz der gegenüberliegenden Phosphoratome im Vierring mit 383.9 pm und für den Sr_2P_4-Oktaeder mit 396.9 pm ähnliche Werte beobachtet werden.

3.4.4   Molekülstruktur von [{P$_2$(SiiPr$_2$)$_2$O}$_2${Ba(DME)$_2$}$_2$] (7)

Ersetzt man das Strontium aus **6** mit seinem schwereren Homologen Barium, so erhält man Verbindung **7**, die isotyp zu **6** in der monoklinen Raumgruppe $P2_1$/n mit einer halben Formeleinheit pro Elementarzelle kristallisiert. Es handelt sich dabei um das gleiche Strukturmotiv wie schon zuvor in **6**, jedoch lässt sich aufgrund der Verunreinigung des eingesetzten Eduktes mit dem primären Diphosphanylsiloxan $O(SiiPr_2PH_2)_2$, nur ein Kokristallisat des gewünschten Produktes **7** zusammen mit der metallierten Form der entsprechenden primären P(H)-Verbindung (siehe Kapitel 1.2.1) isolieren.

Die Strontiumverbindung **6** dagegen konnte als Reinsubstanz erhalten werden, da die entsprechende metallierte Verbindung des primären Diphosphanylsiloxans ein deutlich anderes Strukturmotiv aufweist und somit die Entstehung eines Mischkristalls nicht möglich ist. So führt die bereits in Kapitel 1.2.1 beschriebene Reaktion von $Sr[N(SiMe_3)_2]_2$ mit $O(SiiPr_2PH_2)_2$ zu der Verbindung $[Sr(HPSiiPr_2)_2O(DME)_2]_2$ mit einem planaren Sr_2P_2-Vierring als zentrales Strukturmotiv, während bei der Reaktion mit $Ba[N(SiMe_3)_2]_2$ das Produkt $[Ba\{(HPSiiPr_2)_2O\}(DME)_2]_2$ erhalten wird, welches einen Ba_2P_4-Oktaeder darstellt, der isostrukturell zu **7** in der selben Raumgruppe kristallisiert.

Die durchgeführten quantenmechanischen Rechnungen zeigen, dass der Trend für schwerere Atome der Erdalkalimetalle (Sr, Ba) zur Ausbildung des oktaedrischen Strukturtyps führt, wobei die Energiedifferenz der beiden Strukturtopologien für Strontium im Falle der offenkettigen P(H)-Verbindung $[Sr(HPSiiPr_2)_2O(DME)_2]_2$ vernachlässigbar gering ist. Im Falle des für **6** vorliegenden ringförmigen Anions $[O(iPr_2SiP)_2]^{2-}$ von **5** mit P-P-Bindung steigt diese Energiedifferenz enorm an und begünstigt somit den bereits für Barium bekannten oktaedrischer Strukturtyp, der sich nun ebenfalls für die Strontiumverbindung isolieren lässt. Die energetisch günstigere Lage der oktaedrischen Strukturtopologie ergibt sich aus einer Kombination von besseren Orbitalüberlappungen der HOMOs der Anionen mit den unbesetzten d-Orbitalen der Metallatome sowie günstigeren elektrostatischen Wechselwirkungen.[14,48]

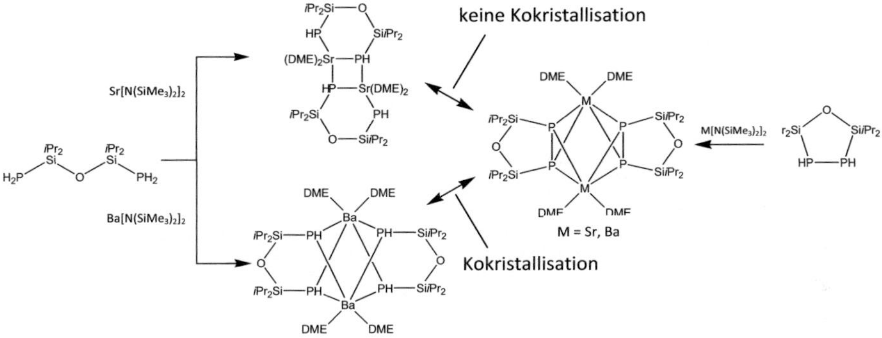

Abb. 26: Vergleich der erhaltenen Strukturmotive von Sr und Ba bei den Umsetzungen mit den jeweiligen primären und sekundären Diphosphanylsiloxanen

Aufgrund der Kokristallisation von **7** mit der entsprechenden primären Bariumverbindung [Ba(HPSi*i*Pr₂)₂O(DME)₂]₂ muss die Verfeinerung der Struktur mit Hilfe von Fehlordnungen der Phosphoratome durchgeführt werden und es zeigen sich je zwei Lagen für die P-Atome mit jeweils halber Besetzung (A und B), die durchschnittlich 54.5 pm voneinander abweichen. Die Überlappung der beiden für den Phosphor verfeinerten Atomlagen führt zu einer leichten Verschiebung dieser Positionen zum gemeinsamen Schwerpunkt hin, daher wird auf eine genaue Diskussion dieser Strukturparameter aufgrund ihrer Fehlerbehaftung verzichtet. Der Abstand der beiden Bariumatome zueinander ist mit 427.1 pm nicht signifikant größer als in der reinen Verbindung von [Ba(HPSi*i*Pr₂)₂O(DME)₂]₂ mit 418.9 pm und auch die Ba-P-Bindungslängen zu den äußeren Phosphoratomen P(1B) und P(2B) liegen mit durchschnittlich 335 pm im selben Bereich. Der Bindungsabstand des Bariums zu den inneren Phosphoratomen P(1A) und P(2A) ist mit 319.8 bis 322.3 pm kürzer als in **3** und kann mit den Ba-P-Bindungslängen bekannter sekundärer Bariumphosphanid-Monomere wie etwa (THF)₄Ba[P(SiMe₂*i*Pr)₂]₂ von *Westerhausen et al.* verglichen werden.[12]

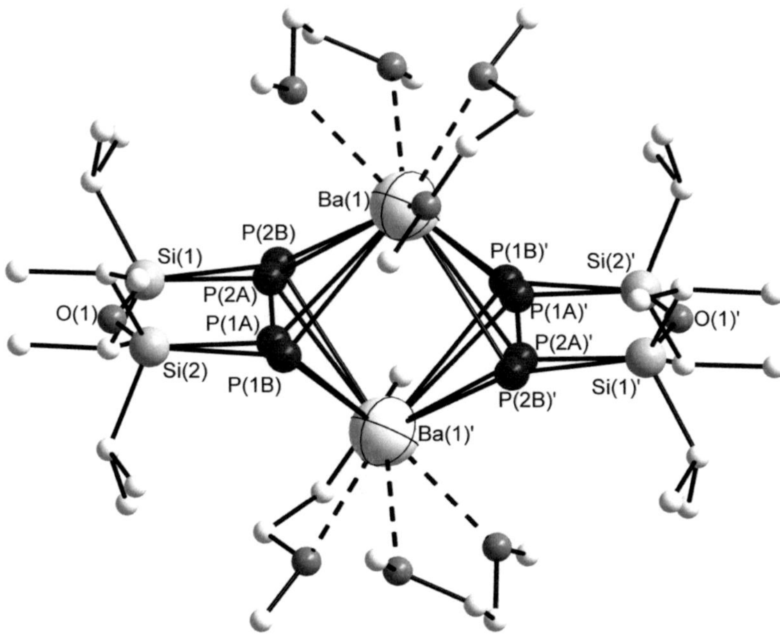

Abb. 27: Molekülstruktur von **7** im Kristall

Tabelle 6: Ausgewählte Bindungslängen und −winkel in **7**

Abstände [pm]		Winkel [°]	
Ba(1)-P(1A)	319.8(3)	Ba(1)-P(1A)-Ba(1)′	83.63(6)
Ba(1)-P(2A)	322.3(3)	Ba(1)-P(2A)-Ba(1)′	83.08(7)
Ba(1)′-P(1A)	320.8(3)	Si(1)-P(2A)-P(1A)	98.60(8)
Ba(1)′-P(2A)	321.7(3)	Si(2)-P(1A)-P(2A)	98.09(8)
P(1A)-P(2A)	243.89(6)	Si(1)-O(1)-Si(2)	137.0(2)
P(1A)-Si(2)	213.0(3)		
P(2A)-Si(1)	214.1(3)		
Ba(1)-Ba(1)′	427.10(6)		

3.4.5   Molekülstruktur von $P_4[O(iPr_2Si)_2]_2$ (8)

Analog zu den Reaktionen aus denen die Verbindungen **4** und **5** erhalten werden können auch **6** und **7** in THF unter Kühlung auf 0°C mit 1.5 Äq. Dibromethan zur Reaktion gebracht werden. Nach dem Abtrennen des ausgefallenen Erdalkalibromids durch Extraktion mit *n*Pentan kristallisiert **8** in der monoklinen Raumgruppe $P2_1/n$ bei -35°C aus der Lösung in Form von farblosen Stäbchen.

Verbindung **8** besteht aus einem leicht gefalteten P_4-Ring mit einem Torsionswinkel (P(1)-P(2)-P(4)-P(3)) von 161.4°, wobei je zwei sich gegenüberliegende Phosphoratome des Vierrings durch ein $(iPr_2Si)_2O$-Fragment miteinander verknüpft sind und sich somit für diese eine all-trans Anordnung ergibt. Diese nur sehr schwache Faltung kann auf den sterischen Anspruch der beiden Siloxanfragmente sowie deren recht starres Gerüst zurückgeführt werden. So zeigt sich bei vergleichbaren Verbindungen wie z.B. $[P_4(MeCy_4)]OTf$, die von *Burford et al.* untersucht wurden, für sterisch anspruchsvolle Reste an den Phosphoratomen für die zentralen P_4-Ringe annähernd Planarität, während räumlich kleine Substituenten zu einer stärkeren Faltung des Ringsystems führen.[49,50] Ein ähnliches zweifach verbrücktes P_4-Ringsystem konnte mit der Verbindung $[\{HC(CMeNiPr_2C_6H_3)(C(CH_2)NiPr_2C_6H_3)\}Si]_2P_4$ von *Driess et al.* aus weißem Phosphor und dem Silylen $[\{HC(CMeNiPr_2C_6H_3)(C(CH_2)NiPr_2C_6H_3)\}Si]$ synthetisiert werden. Dort findet sich bedingt durch die sehr kurzen, ebenfalls gegeneinander gestaffelt angeordneten Si-Brücken ein stärker gefaltetes P_4-Ringsystem mit einem Torsionswinkel von 120° und einem durchschnittlichen P-P-P-Winkel von 82°, wohingegen die Werte in **8** mit im Mittel 89.2° näher an der idealen 90°-Marke liegen.[51]

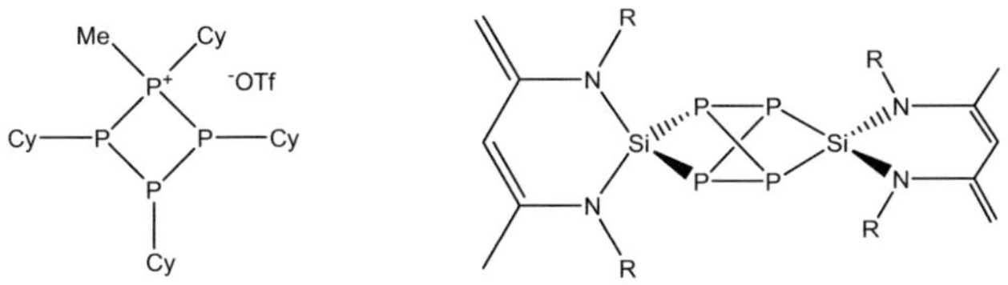

Abb. 28: Struktur von $[P_4(MeCy_4)]OTf$ und $[\{HC(CMeNiPr_2C_6H_3)(C(CH_2)NiPr_2C_6H_3)\}Si]_2P_4$

$(R = 2,6\text{-}iPr2C_6H_3)$

Die P-P-Bindungslängen liegen mit 222.3 − 230.3 pm im üblichen Bereich einer P-P-Einfachbindung und stehen genauso wie auch die Si-P-Abstände mit den in **4** beobachteten Bindungslängen im Einklang. Die Si-O-Si-Winkel sind mit 140.2° entspannter als in Verbindung **6** und weisen ähnliche Werte wie in der metallierten Verbindung [Ba(HPSi*i*Pr$_2$)O](DME)$_2$ auf.

Diese Anordnung, bei der es sich formal um zwei kondensierte Fünfringe von Verbindung **5** handelt, ist ungewöhnlich, da man in erster Linie aufgrund der Anordnung der beiden Fünfringsysteme in einem der Vorläufermoleküle, wie z.B. **6**, eine direkte Verknüpfung der beiden Siloxaphosphanringe zu einer leiterartigen Struktur erwarten würde. Das hier jedoch isolierte Produkt **8** muss unter Spaltung und erneuter Knüpfung der bereits vorhandenen P-P-Bindung gebildet worden sein.

Verbindung **8** kann auch durch eine direkte Umsetzung des primären Diphosphanylsiloxans O(Si*i*Pr$_2$PH$_2$)$_2$ mit Erdalkalisilazaniden und anschließender Eliminierung des Metallsalzes mit Dibromethan in sehr konzentrierter Lösung (c > 0.75 mol/l) erhalten werden, bei welcher als Nebenprodukt immer eine Rückbildung des Eduktes O(Si*i*Pr$_2$PH$_2$)$_2$ in Erscheinung tritt. Somit lässt sich davon ausgehen, dass hier infolge der hohen Konzentration ein intermolekularer Wasserstoffaustausch begünstigt ist, während dies bei der Synthese von **4** und **5** nicht der Fall ist.

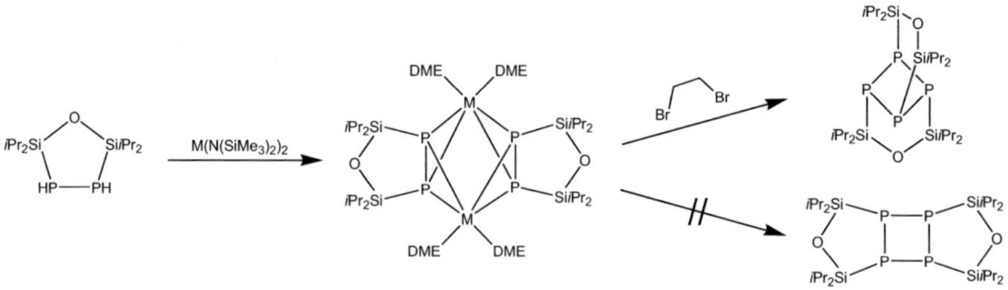

Abb. 29: Syntheseschema von **8** (M = Sr, Ba)

Die Phosphoratome ergeben aufgrund ihrer magnetischen Äquivalenz im ^{31}P-NMR-Spektrum ein einzelnes Singulett bei -116.7 ppm während man im ^{1}H-NMR-Spektrum zwei verschiedene Methylprotonen als Dubletts bei 1.34 und 1.42 ppm mit derselben

Kopplungskonstante wie das etwas tieffeldverschobene Septett der Methinwasserstoffe bei 1.96 ppm beobachten kann. Im aufgenommenen Massenspektrum lässt sich der Molekülpeak bei 612.3 m/z sowie ein Fragment durch den Verlust einer iso-Propylgruppe bei 569.2 m/z beobachten.

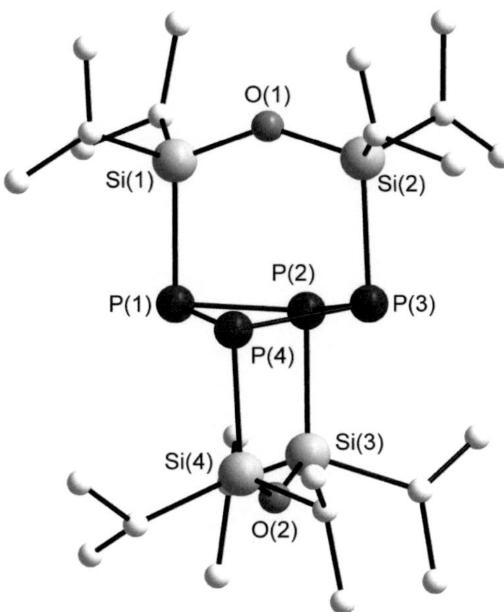

Abb. 30: Molekülstruktur von **8** im Kristall

Tabelle 7: Ausgewählte Bindungslängen und –winkel in **8**

Abstände [pm]		Winkel [°]	
P(1)-P(2)	223.1(2)	P(1)-P(2)-P(3)	89.79(10)
P(2)-P(3)	227.0(3)	P(2)-P(3)-P(4)	87.51(10)
P(3)-P(4)	230.3(3)	P(3)-P(4)-P(1)	89.18(10)
P(4)-P(1)	222.3(3)	P(4)-P(1)-P(2)	90.49(10)
P(1)-Si(1)	226.4(2)	Si(1)-O(1)-Si(2)	142.2(2)
P(2)-Si(3)	226.6(3)	Si(3)-O(2)-Si(4)	142.2(3)
P(3)-Si(2)	229.1(3)		
P(4)-Si(4)	227.6(3)		

3.5   Synthese und Reaktionen sekundärer Diphosphane

Während über die Strukturchemie metallierter Diphosphanylverbindungen mit siloxanverbrückten PH_2-Gruppen schon einiges bekannt ist (siehe Kapitel 1.2.1 und 1.3.1), sind entsprechende Metallderivate von Diphosphanen mit organischen Etherbrücken noch nicht untersucht. Insbesondere sind keine Verbindungen bekannt, die einen direkten Vergleich zwischen siloxanverbrückten und etherverbrückten Spezies ermöglichen. Aus diesem Grund wurden die in diesem Kapitel beschriebenen Verbindungen dargestellt und mit *i*Pr₃In zu den entsprechenden deprotonierten und metallierten Verbindungen umgesetzt.

3.5.1   Synthese und Charakterisierung von O(Si*i*Pr₂PHEt₂)₂ (9)

Die Synthese von **9** erfolgte durch die Umsetzung des Diphosphanylsiloxans O(Si*i*Pr₂PH₂) mit zwei Äquivalenten *n*BuLi in Diethylether, somit erhält man die entsprechende beidseitig einfach lithiierte Verbindung, an welcher mit Ethylbromid unter Abspaltung von LiBr ein Ethylrest an die Phosphoratome addiert werden kann. Nach abschließender Vakuumdestillation erhält man **9** als eine klare, farblose und viskose Flüssigkeit.

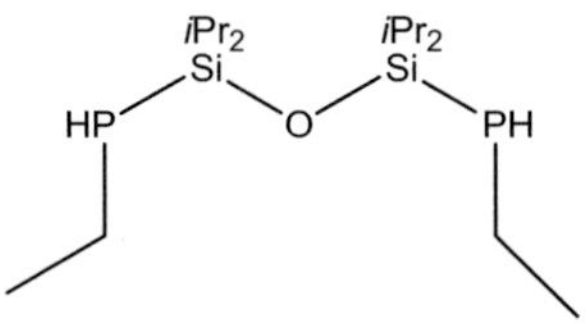

Abb. 31: Strukturformel von **9**

Das ³¹P[H]-NMR-Spektrum zeigt aufgrund der Präsenz zweier chiraler Phosphoratome zwei voneinander abgrenzbare Signale für die beiden gebildeten Diastereomere bei -186.9 ppm, welche sich um $\Delta\delta$ = 0.05 ppm unterscheiden. Infolge der Überlagerung der Signale der beiden Diastereomere, die zusammen mit den verschiedenen H,H- und P,H-Kopplungen zu kombinierten Multiplettsignalen höherer Ordnung führen, offenbart sich das ¹H-NMR-Spektrum als sehr komplex und ist mit herkömmlichen Methoden nicht auswertbar.

3.5.2   Synthese und Charakterisierung von O(C$_2$H$_4$PHSiiPr$_3$)$_2$ (10)

Die Synthese von **10** erfolgt ausgehend von 2,2'-Dibromodiethylether, der mit zwei Äquivalenten des einfach lithiierten Silylphosphans iPr$_3$SiPHLi in THF umgesetzt wird. Nach Abtrennung von LiBr und Aufreinigung durch Destillation im Vakuum erhält man **10** als eine farblose, stark riechende Flüssigkeit.

Die Aufarbeitung von **10** erweist sich jedoch als schwierig, da die thermische Zersetzung unter Abspaltung von PH$_3$ bei einer Temperatur eintritt, die nur wenig über dem Siedepunkt bei der zur Aufreinigung erforderlichen Vakuumdestillation liegt.

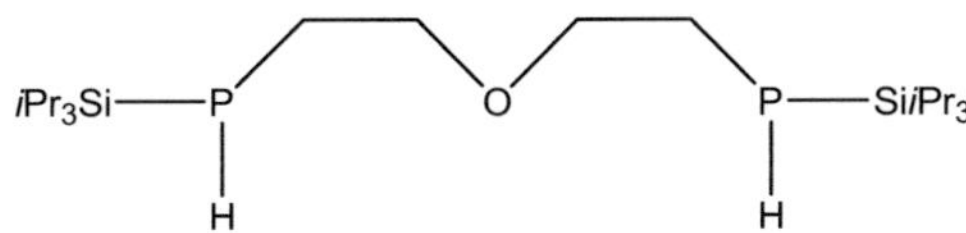

Abb. 32: Strukturformel von **10**

Auch hier zeigt das ^{31}P[H]-NMR-Spektrum analog zu **9** zwei verschiedene, nah beieinander liegende Signale bei -159.7 ppm ($\Delta\delta$ = 0.05 ppm), da in **10** ebenfalls zwei Stereozentren an den Phosphoratomen vorliegen, welche die Entstehung von Diastereomeren bewirken. Diese führen auch im ^{1}H-NMR-Spektrum zu ähnlichen, unübersichtlichen überlagerten Multiplett-Aufspaltungsmustern, wie sie schon bei Verbindung **9** beobachtet wurden.

3.5.3   Molekülstruktur von [O(SiiPr$_2$PEt)$_2${In(iPr$_2$)}$_2$] (11)

Wird **9** in THF mit zwei Äquivalenten iPr$_3$In zur Reaktion gebracht, so bildet sich unter Abspaltung von Propan ein In$_2$P$_2$-Vierringsystem und man erhält [O(SiiPr$_2$PEt)$_2${In(iPr$_2$)}$_2$] (**11**). Die Verbindung kristallisiert aus der nPentan-Lösung nach einigen Tagen als farblose Rhomboeder in der monoklinen Raumgruppe $P2_1$/n.

Durch die Einführung eines Ethylsubstituenten an jedes der beiden Phosphoratome konnte mit **11** erstmals nach Metallierung mit iPr$_3$In eine monomere Verbindung mit Diphosphanylsiloxan-Liganden isoliert werden. Im Gegensatz dazu erhält man bei der direkten Umsetzung der Ausgangsverbindung O(SiiPr$_2$PH$_2$)$_2$, die noch zwei PH$_2$-Gruppen besitzt, mit iPr$_3$In ein Dimer mit polycylischer Struktur, welches sich in eine Reihe von ähnlichen bekannten oligomeren Verbindungen mit poly- oder makrocyclischen Strukturen einfügt, die bereits in Kapitel 1.3.1 vorgestellt wurden.[25]

Die beiden durch den Siloxanrest verbundenen Phosphoratome koordinieren verbrückend an je zwei Indiumatome, so dass ein viergliedriger In$_2$P$_2$-Ring entsteht. Die iso-Propylsubstituenten der Si- und In-Atome nehmen somit eine annähernd gestaffelte Anordnung ein, während die Ethylreste der Phosphoratome in der P$_2$Si$_2$O-Ebene nach außen weisen. Die In-P-Bindungslängen sind mit 261 bis 262 pm innerhalb der Norm, die für vergleichbare cyclische Verbindungen, wie z.B. dem sechsgliedrigen Ring [(PhCH$_2$)InPPh$_2$]$_3$, bekannt ist.[52] Der In$_2$P$_2$-Ring weist eine starke Faltung von 131.7° entlang der In-In-Achse auf, die auf die starre Siloxanbrücke zurückgeführt werden kann, während üblicherweise auch für sterisch anspruchsvoll substituierte In$_2$P$_2$-Ringe wie [(Me$_3$SiCH$_2$)$_2$InP(SiMe$_3$)$_2$]$_2$ Planarität beobachtet wird.[53]

Das ^{31}P-NMR-Spektrum zeigt für die beiden Phosphoratome ein einzelnes Singulett bei -151.2 ppm, während im ^{1}H-NMR-Spektrum die iso-Propylgruppen des Indiums zu je zwei Dubletts bei 1.68 und 1.69 ppm und zwei Septetts bei 1.51 und 1.89 ppm aufspalten. Die iso-Propylgruppen des Siliziums ergeben zwei Dubletts bei 1.14 und 1.21 ppm sowie ein Septett bei 1.35 ppm und sind mit dem Signal der Methylwasserstoffe des Ethylrestes am Phosphor überlagert. Das zweite Signal der Methylenwasserstoffe ist ebenfalls überlagert und findet sich bei 1.89 ppm zusammen mit dem Peak eines der Methin-H-Atome der am Indium gebundenen iPr-Gruppen.

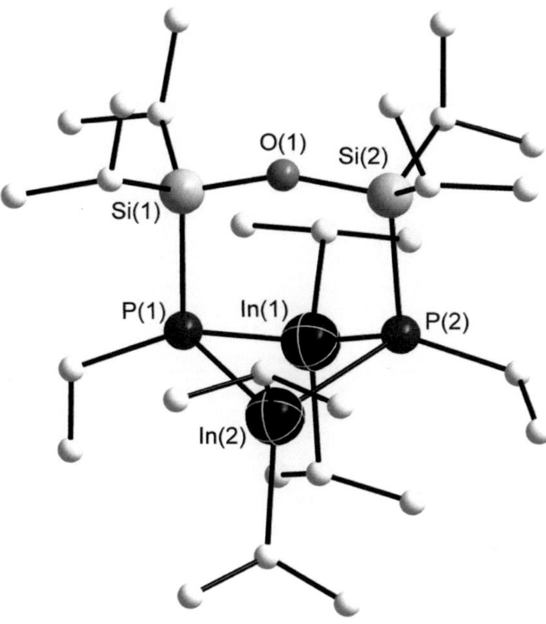

Abb. 33: Molekülstruktur von **11** im Kristall

Tabelle 8: Ausgewählte Bindungslängen und –winkel in **11**

Abstände [pm]		Winkel [°]	
P(1)-In(1)	262.12(10)	P(1)-In(1)-P(2)	78.76(3)
P(1)-In(2)	263.30(12)	P(1)-In(2)-P(2)	78.28(3)
P(2)-In(1)	261.18(10)	In(1)-P(1)-In(2)	92.00(3)
P(2)-In(2)	262.74(12)	In(1)-P(2)-In(2)	103.93(4)
P(1)-Si(1)	224.91(13)	Si(1)-O(1)-Si(2)	153.87(15)
P(2)-Si(2)	225.32(12)		

3.5.4   Molekülstruktur von [O(C$_2$H$_4$PSi*i*Pr$_3$)$_2$\{In(*i*Pr$_2$)\}$_2$] (12)

Die Reaktion von **10** mit zwei Äquivalenten *i*Pr$_3$In in *n*Pentan führt ebenfalls zur Deprotonierung des Phosphors und Anlagerung zweier *i*Pr$_2$In-Substituenten. Analog zu **11** kristallisiert **12** in einem monoklinen Kristallsystem, jedoch erfolgt hier die Strukturverfeinerung in der Raumgruppe *P*2$_1$/c.

Zentrales Strukturmotiv ist wie in **11** ein In$_2$P$_2$-Vierring, dessen Phosphoratome mit einer organischen O(C$_2$H$_4$)$_2$-Brücke verknüpft sind und zusätzlich eine terminale *i*Pr$_3$Si-Gruppe tragen. Der Vierring weist im Unterschied zu **11** eine leichte Faltung von 156.5° entlang der P-P-Achse auf. Diese schwächere Ringfaltung kann auf die hier eingesetzte längere und flexiblere Etherbrücke zurückgeführt werden, die einen größeren P-P-Abstand und damit eine flachere Struktur der In$_2$P$_2$-Ringes ermöglicht. Die großen Substituenten an den Indium- und Phosphoratomen führen zu einer Aufweitung der P-In-Bindungslängen auf 266.8 bis 269.5 pm.

Im ^{31}P-NMR-Spektrum findet sich für die beiden Phosphoratome ein Singulett bei -173.3 ppm, im ^{1}H-NMR-Spektrum lassen sich jedoch nur die Methylprotonen der iso-Propylgruppen am Silizium dem Dublett bei 1.29 ppm und die der Indiumatome bei 1.82 ppm zuordnen. Die zugehörigen Signale der CH-Gruppen ergeben sich gegenseitig überlagernde Multipletts in dem Bereich zwischen den beiden Peaks der Methylgruppen. Einzig den Methylengruppen der Diethyletherbrücke können zwei Multipletts bei 2.43 und 3.62 ppm zugeordnet werden.

Auffällig ist das Verhalten des Sauerstoffatoms der organischen Kette, welches klar in Richtung eines der Indiumatome geneigt ist. Der Abstand O(1)-In(2) ist mit 314.0 pm zu groß für eine signifikante Wechselwirkung, wie sie z.B. in THF-koordinierten Komplexen wie In[Si(SiMe$_3$)$_3$]$_2$OTf(THF) mit beobachteten In-O-Bindungslängen von 220 bis 240 pm vorliegen, befindet sich aber noch knapp innerhalb der Summe der van-der-Waals-Radien (345 pm) und kann somit als Hinweis für eine schwache Interaktion angesehen werden.[54] Der O(1)-In(1)-Abstand ist mit 353.6 pm deutlich größer und kann daher für eine mögliche Wechselwirkung vernachlässigt werden.

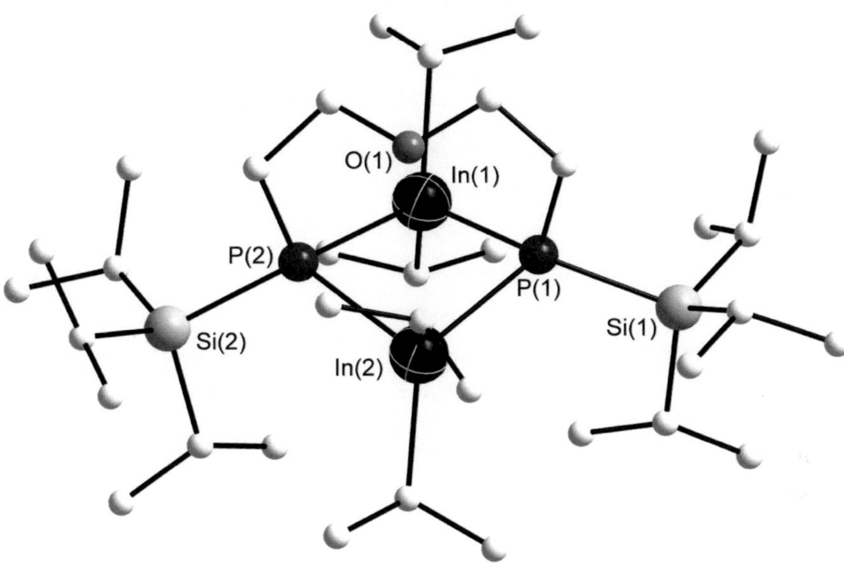

Abb. 34: Molekülstruktur von **12** im Kristall

Tabelle 9: Ausgewählte Bindungslängen und –winkel in **12**

Abstände [pm]		Winkel [°]	
P(1)-In(1)	267.53(6)	P(1)-In(1)-P(2)	83.97(2)
P(1)-In(2)	267.16(7)	P(1)-In(2)-P(2)	84.57(17)
P(2)-In(1)	269.53(7)	In(1)-P(1)-In(2)	93.67(18)
P(2)-In(2)	266.80(6)	In(1)-P(2)-In(2)	93.30(18)
P(1)-Si(1)	227.32(7)		
P(2)-Si(2)	227.42(7)		
In(1)-O(1)	353.55(18)		
In(2)-O(1)	313.95(16)		

Das Sauerstoffatom der Siloxanbrücke in **11** zeigt kein derartiges Verhalten, so ist es mit 375 und 391 pm ungefähr gleich weit von jedem Indiumatom entfernt und hat zudem noch wesentlich größeren Abstand zu diesem als in **12**. Diese Feststellung ist erwartungsgemäß zu dem bereits erwähnten Trend von Siloxanen, schlechtere Koordinationseigenschaften als ihre verwandten organischen Ether zu besitzen, wobei die hier eingesetzten Brückenelemente näherungsweise als Fragmente dieser beiden Verbindungsklassen angesehen werden können.

Durch die hohe Empfindlichkeit der verwendeten organischen $C_2H_4OC_2H_4$-Brücke gegenüber starken Lewis-Säuren und die geringe thermische Stabilität eignen sich weder Verbindung **10** noch **12** als Baustein für die Synthese weiterer Ring und Käfigverbindungen. So führt z.B. die Umsetzung von **10** mit sowohl *n*BuLi als auch milderen Lithiierungsreagenzien in jedem Fall zu einer Etherspaltung und Bildung eines Gemisches von *i*Pr$_3$SiPHLi und *i*Pr$_3$SiPLi$_2$. Auch die Siloxanverbindungen **9** und **11** konnten, trotz ihrer größeren Beständigkeit nicht erfolgreich zum Aufbau größerer Ring- oder Käfigsysteme genutzt werden, da z.B. bei Umsetzungen der metallierten Spezies mit Organylhalogeniden nur polymere Produktgemische isoliert werden konnten.

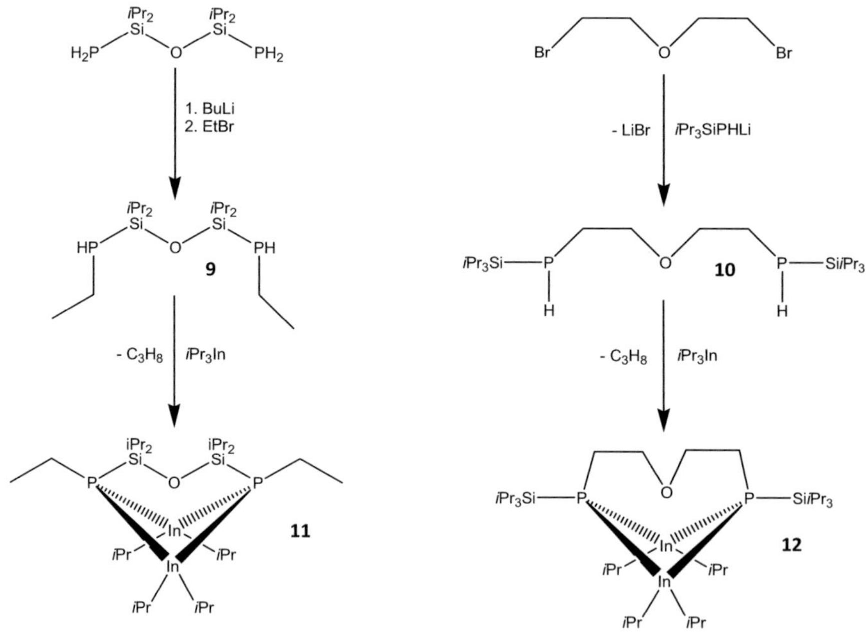

Abb. 35: Syntheseschema von **9 – 11**

3.6 Untersuchungen zu Reaktionen des cyclischen Diphosphanylsiloxans (5) mit Metallorganylen der 13. Gruppe

Die Produkte der Reaktionen von **5** mit den verschiedenen Erdalkaliamiden zeigen deutlich das abweichende Reaktionsverhalten dieses sekundären cyclischen Diphosphanylsiloxans mit P-P-Bindung im Vergleich zu der entsprechenden primären Verbindung $O(SiiPr_2PH_2)_2$. Frühere Untersuchungen der Reaktionen von $O(SiiPr_2PH_2)_2$ mit Metallorganylen der Gruppe 13 belegen, dass dabei meist oligomere polycyclische Strukturen erhalten werden.[25,26] Entsprechende Umsetzungen mit **5** werden im folgenden Abschnitt beschrieben.

3.6.1 Molekülstruktur von [{(SiiPr$_2$)$_2$O}$_2${iPrP(IniPr$_2$)PIniPr}$_2$] (13)

Die Reaktion von **5** mit zwei Äquivalenten iPr_3In in nPentan bei 0°C ergibt nach mehreren Wochen Lagerung der Lösung bei -35°C Verbindung **13**, die in Form von farblosen Stäbchen in der monoklinen Raumgruppe $P2_1/c$ mit einem Lösungsmittelmolekül nPentan in der Elementarzelle kristallisiert.

Verbindung **13** ist aufgebaut aus drei kantenverknüpften P_2In_2-Vierringen, die eine leiterartige Struktur bilden, wobei die beiden Phosphoratome auf jeder Seite durch je ein $O(SiiPr_2)$-Fragment, welche zueinander trans-ständig sind, verbrückt sind und so formal ein sechsgliedriger InP_2Si_2O-Ring entsteht. Die Phosphoratome des mittleren In_2P_2-Ringes der dreigliedrigen Leiter binden neben dem Silizium nur an drei Indiumatome, während die P-Atome der äußeren Ringe je einen terminalen iso-Propylrest besitzen und nur an zwei Indiumatome koordinieren. Dabei ist auffällig, dass zwischen den Phosphoratomen keine Bindung mehr vorliegt. In beiden Fällen findet sich jedoch eine annähernd tetraedrische Koordinationssphäre für den Phosphor. Ein ähnliches Bild ergibt sich bei Betrachtung der Indiumatome des inneren und der äußeren Ringe, so findet man an den außenstehenden In-Atomen zwei iso-Propylgruppen und Koordination zu zwei Phosphoratomen, während die zentralen Indiumatome an drei P-Atome binden und nur eine iPr-Gruppe tragen. Man erhält somit das identische Strukturmotiv wie in der Verbindung [O{SiiPr$_2$(PH)IniPr$_2$}{SiiPr$_2$(P)IniPr}], welche bei Umsetzung des Eduktes von **5** ($O(SiiPr_2PH_2)_2$) mit iPr_3In isoliert wird. Als einziger signifikanter Unterschied befindet sich dort an den außen liegenden Phosphoratomen noch ein Wasserstoffatom, statt der *i*Pr-Gruppen in **13** (Abb. 37).[26]

Die zentrale polycyclische Leiterstruktur ist mit Torsionswinkeln von 99.6 bis 114.9° der einzelnen In_2P_2-Ringe stark zueinander gefaltet und die Siloxanbrücken sind durch den sterischen Anspruch der iso-Propylsubstituenten an Silizium und Indium um 33.5° aus der Leiterebene nach außen gekippt. Die P-In-Bindungslängen variieren in einem Bereich von 257.1 (P(2)-In(2)) bis 272.6 pm (P(4)-In(4)), wobei die P-In-Bindungen der äußeren „Leitersprossen" wie erwartet die größten Werte zeigen, die kürzesten Bindungen finden sich unterdessen im mittleren In_2P_2-Segment. Dieses Verhalten ist analog zu der fast identischen P(H)-Verbindung, welche übereinstimmende In-P-Abstände und ebenfalls dieselbe Streuung der Bindungslängen aufweist.

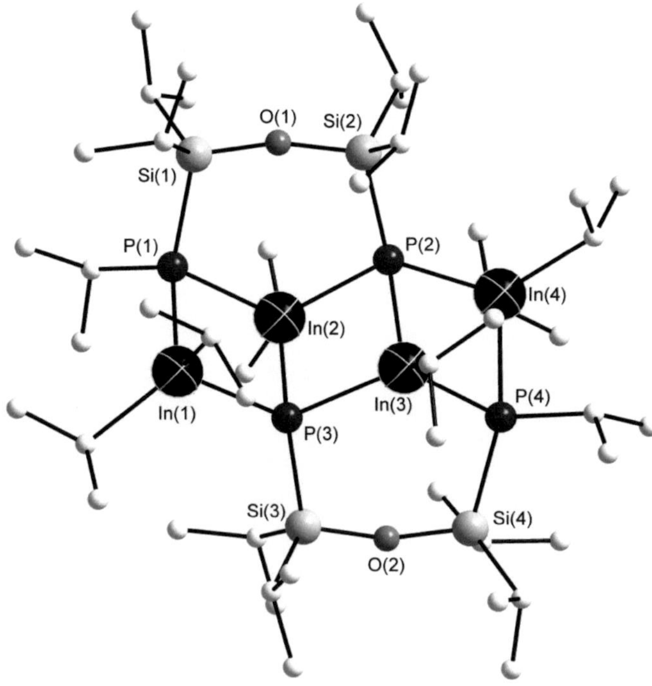

Abb. 36: Molekülstruktur von **13** im Kristall

Tabelle 10: Ausgewählte Bindungslängen und –winkel in **13**

Abstände [pm]		Winkel [°]	
P-In	257.12(10) – 272.59(11)	P-In-P	86.55(3) – 90.44(4)
P(1)-Si(1)	227.99(14)	In-P-In	89.32(3) – 92.71(3)
P(2)-Si(2)	224.39(15)	Si(1)-O(1)-Si(2)	166.19(17)
P(3)-Si(3)	223.23(14)	Si(3)-O(2)-Si(4)	165.00(17)
P(4)-Si(4)	228.60(15)		

Bemerkenswert ist die Tatsache, dass man dasselbe Strukturmotiv sowohl bei der Umsetzung des primären Diphosphanylsiloxans $O(SiiPr_2PH_2)_2$ als auch mit seinem oxidierten sekundären Derivat **5** mit Triisopropylindium erhält. Während bei der Reaktion mit $O(SiiPr_2PH_2)_2$ als Reaktionsmechanismus offensichtlich die Abspaltung des iPr-Restes des Indiums aufgrund der Protonierung durch die PH_2-Gruppe des Diphosphanylsiloxans zur Bildung der Struktur von $[O\{SiiPr_2(PH)IniPr_2\}\{SiiPr_2(P)IniPr\}]$ führt, so muss bei der Synthese von **13** noch ein weiterer Schritt erfolgen, der eine Insertion eines IniPr-Fragmentes in die P-P-Bindung unter gleichzeitiger Umlagerung einer iso-Propylgruppe an das äußere P-Atom bewirkt (Abb. 37 oben).

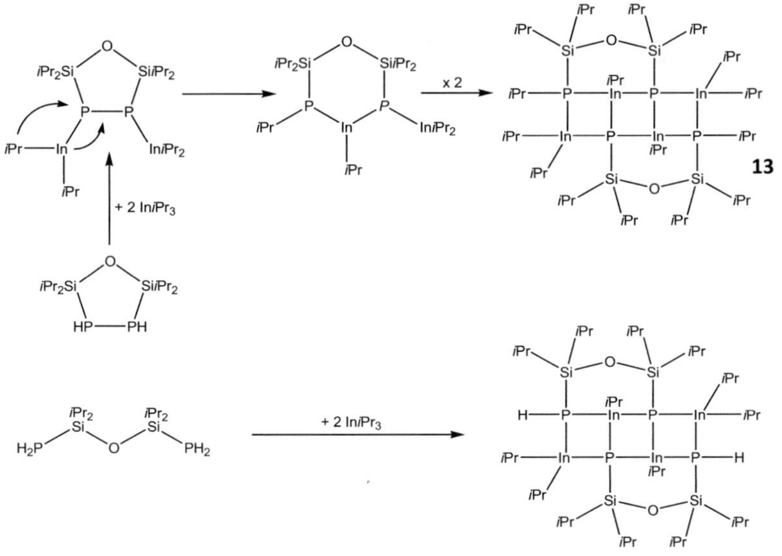

Abb. 37: Syntheseschema von **13** und der analogen Reaktion mit $O(SiiPr_2PH_2)_2$

3.6.2   Molekülstruktur von [{P(SiiPr$_2$)$_2$O}$_2${(iPrIn)$_4$(IniPr$_2$)$_2$}Br$_2$] (14)

Führt man die Umsetzung von **5** mit zwei Äquivalenten iPr$_3$In in Benzol und Anwesenheit von Dibromethan durch, so erhält man aus dem Pentanextrakt des Reaktionsgemisches nach drei Tagen Lagerung bei 0°C farblose Kristalle von Verbindung **14**, die mit einem halben Molekül pro Elementarzelle in der triklinen Raumgruppe $P\bar{1}$ kristallisiert.

Formal handelt es sich bei **14** um dasselbe Schweratomgerüst wie **13**, bei dem jeweils am oberen und unteren Ende der In$_4$P$_4$-Leiter ein iPr$_2$InBr-Fragment hinzugefügt wurde. Somit ergeben sich insgesamt fünf kondensierte, kantenverknüpfte Vierringsysteme, von denen die drei inneren aus In$_2$P$_2$-Segmenten aufgebaut sind und bei den beiden äußeren Segmenten das außenstehende Phosphoratom durch Brom ersetzt wurde.

Die Faltung des Leitersystems ist erhalten geblieben und ist mit Torsionswinkeln von 101.9 bis 114.6° fast identisch zu **13**. Selbiges gilt auch für die Siloxanbrücken, so sind die Si-O-Si-Winkel mit 163.5° und der P-P-Abstand der beiden verbrückten Phosphoratome mit 410.0 pm übereinstimmend zu den entsprechenden Werten in **13**. Ein anderes Bild ergibt sich bei den P-In-Abständen, so liegt mit Werten von 257.0 bis 260.9 pm eine geringere Streuung als in **13** vor, da sich die ehemals äußeren In-P-Bindungen von einer dativen Koordination durch die Addition des iPr$_2$InBr-Fragments zu Bindungen mit einem kovalenten Charakter verändert haben. Dies ist an der deutlichen Verkürzung (P(2)-In(2) 257.0 pm) bemerkbar und entspricht somit den Abständen der inneren Ringe. Infolgedessen findet sich der längste Wert mit P(2)-In(1) = 260.9 pm für die Bindung zum terminalen Indiumatom, da sich nun dort eine koordinative Bindung ausgebildet hat.

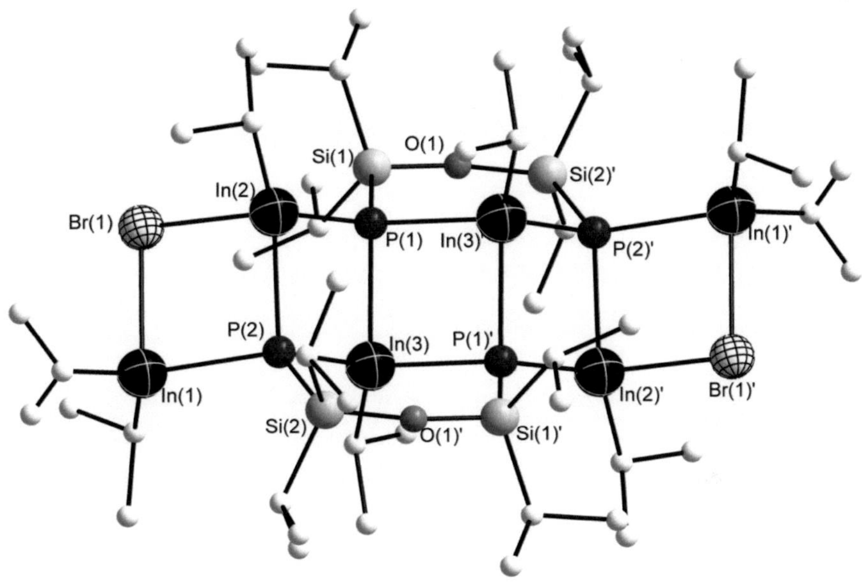

Abb. 38: Molekülstruktur von **14** im Kristall

Tabelle 11: Ausgewählte Bindungslängen und –winkel in **14**

Abstände [pm]		Winkel [°]	
P(1)-In(2)	256.9(3)	P-In-P	87.30(8) – 90.49(9)
P(1)-In(3)	260.9(3)	In-P-In	89.51(9) – 94.02(10)
P(2)-In(1)	260.4(5)	In(1)-Br(1)-In(2)	87.35(6)
P(2)-In(2)	257.0(3)	Si(1)-O(1)-Si(2)'	165.3(6)
P(2)-In(3)	256.6(3)		
In(1)-Br(1)	278.3(2)		
In(2)-Br(1)	269.7(2)		

3.6.3   Molekülstruktur von [P$_2${O(SiiPr$_2$)$_2$}$_2${AlEt$_2$}$_4$] (15)

In nPentan führt die Reaktion von **5** mit der Metallorganyl-Verbindung AlEt$_3$ nach mehreren Tagen bei 0°C zur Bildung farbloser Nadeln von **15**, die in der monoklinen Raumgruppe $P2_1/n$ kristallisieren.

15 besteht aus einem zentralen P$_4$Al$_4$-Käfig, dessen Struktur von einem P$_4$-Tetraeder abgeleitet werden kann, bei dem vier der sechs Kanten mit einer AlEt$_2$-Einheit überkappt sind und je zwei der aneinander gebundenen Phosphoratome mit einem O(iPr$_2$Si)$_2$-Fragment planar verbrückt sind, die sich somit gestaffelt gegenüberstehen. Betrachtet man den inneren Phosphor-Aluminium-Käfig, so fällt die strukturelle Ähnlichkeit zu dem Mineral Realgar auf, bei dem es sich um die Verbindung As$_4$S$_4$ handelt. Diese bildet ebenfalls einen solchen Käfig aus, welcher formal durch den Einschub von vier Schwefelatomen in vier der sechs As-As-Bindungen eines As$_4$-Tetraeders entsteht, so dass nur zwei As-As-Bindungen erhalten bleiben.[55,56] Vergleichbare bekannte Strukturmotive finden sich auch im Hittorfschen Phosphor (P$_8$-Fragment) und in der Verbindung P$_4$S$_4$ (α-Modifikation).[57] Dabei ist auffällig, dass bei sämtlichen verwandten Strukturen die äquatorialen Positionen des Käfigs von Nichtmetallatomen besetzt sind. Ähnlich aufgebaute Moleküle mit Metallen in verbrückender Position finden sich in der Verbindung [Fe$_2${μ$_4$-(P$_2$Ph$_2$)}(CO)$_6$]$_2$ von *Mays & Solan et al.*,[58] wobei dort noch zusätzlich zwei Metall-Metall-Bindungen existieren, die in **15** nicht vorliegen. Ebenfalls ähnlich sind die schon vor einiger Zeit synthetisierten Verbindungen der Form [iPr$_2$Si{P(H)MEt$_2$}$_2$]$_2$ (M = Al, Ga, In), bei denen jedoch keine P-P-Bindungen vorhanden sind, sondern die Phosphoratome noch einen Wasserstoff-Substituenten besitzen und durch eine iPr$_2$Si-Gruppe verbrückt sind, so dass eine adamantanähnliche Struktur gebildet wird.[22]

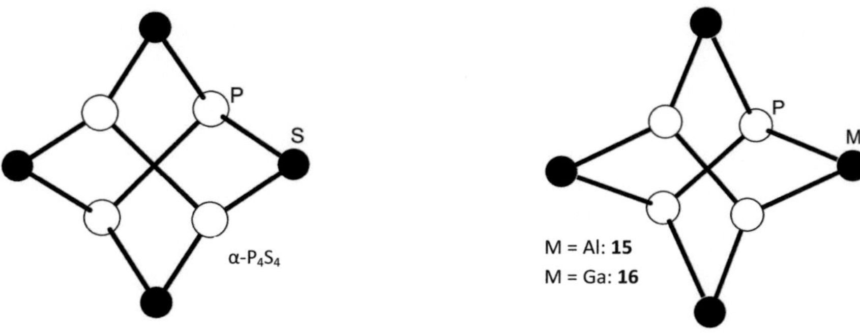

Abb. 39: Vergleich der Strukturmotive von α-P$_4$S$_4$ und dem Schweratomgerüst von **15** und **16**

Die P-P-Abstände liegen mit 225.6 und 225.3 pm im oberen beobachteten Bereich für P-P-Einfachbindungen und den bisher besprochenen Verbindungen. Auch die P-Al-Bindungslängen sind mit 244.0 bis 249.2 pm annähernd gleich mit denen in [iPr$_2$Si{P(H)AlEt$_2$}$_2$]$_2$ beobachteten Beträgen und weisen ebenfalls typische Werte für Einfachbindungen zwischen diesen Elementen auf, was auch für die Si-P-Bindungslängen mit durchschnittlich 227.7 pm zutrifft. Im Vergleich zu As$_4$S$_4$ erscheint der Al$_4$P$_4$-Käfig verzerrt, man beobachtet für die P-Al-P-Winkel im Mittel einen Wert von 83.6°, wohingegen die entsprechenden As-S-As-Winkel über 108° betragen. Folglich lässt sich das Käfiggerüst von **15** als parallel zu den P-P-Achsen zusammengedrückt beschreiben, so dass die verbrückenden Metallorganyl-Liganden unter Ausbildung spitzerer Winkel nach außen ausweichen (Abb. 39). Dies ist ebenfalls erkennbar an den Abständen der beiden oberen zu den unteren Phosphoratomen des Käfigs, die mit 329 pm etwa die gleiche Entfernung zueinander aufweisen wie die Phosphoratome im α-P$_4$S$_4$ mit 321 pm, wobei die dortigen Bindungen zu den Schwefelatomen mit durchschnittlich 210.8 pm einen insgesamt deutlich kleineren Käfig ergeben. [59, 60]

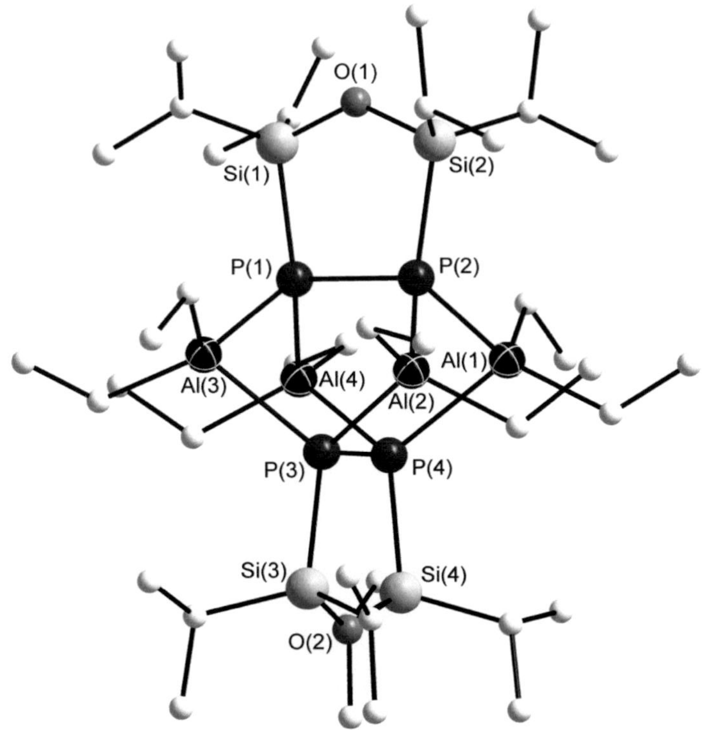

Abb. 40: Molekülstruktur von 15 im Kristall

Tabelle 12: Ausgewählte Bindungslängen und –winkel in **15**

Abstände [pm]		Winkel [°]	
P(1)-P(2)	225.58(11)	P(1)-Al(3)-P(3)	83.59(5)
P(3)-P(4)	225.32(11)	P(2)-Al(1)-P(4)	83.73(4)
P-Al	244.00(13) – 249.17(13)	P(3)-Al(2)-P2)	83.51(4)
P(1)-Si(1)	227.37(12)	P(4)-Al(4)-P(1)	83.43(4)
P(2)-Si(2)	228.05(11)	Al-P-Al	97.24(5) – 98.84(5)
P(3)-Si(3)	227.94(12)	Si(1)-O(1)-Si(2)	133.24(14)
P(4)-Si(4)	227.61(11)	Si(3)-O(2)-Si(4)	133.21(14)

Bei der Synthese von **15** wurde als Nebenprodukt eine geringe Menge der bereits bekannten Verbindung $[O(SiiPr_2PH)_2(AlEt_2)_2]_4$ (siehe Kapitel 1.3.1 und Abb. 44) isoliert, was auf die leichte Verunreinigung des hier eingesetzten Eduktes **5** mit $O(SiiPr_2PH_2)_2$ zurückzuführen ist.

Das ^{31}P-NMR-Spektrum zeigt jedoch neben dem Singulett bei -199.2 ppm für **15** und dem Dublett bei -244.3 ppm, welches von dem Nebenprodukt $[O(SiiPr_2PH)_2(AlEt_2)_2]_4$ erzeugt wird, noch drei weitere, hinsichtlich ihrer gemeinsamen Kopplungskonstanten zusammengehörige Signale bei -228.2, -255.3 und -288.2 ppm, die keiner der beiden bisher charakterisierten Produkte zugeordnet werden können. Dabei handelt es sich um ein bisher leider nicht näher charakterisiertes Zersetzungsprodukt von **15**, das entsteht sobald sich die Verbindung längere Zeit bei Raumtemperatur in Lösung befindet.

3.6.4   Molekülstruktur von $[P_2\{O(SiiPr_2)_2\}_2\{GaEt_2\}_4]$ (16)

Führt man die Umsetzung von **5** mit $GaEt_3$ statt $AlEt_3$ in *n*Pentan durch, so bilden sich nach mehreren Tagen Lagerung bei -35°C farblose Stäbchen von **16**, welche isostrukturell zu **15** in der monoklinen Raumgruppe $P2_1/n$ kristallisiert.

Der strukturelle Aufbau von **16** ist weitestgehend identisch mit **15**, der Austausch der AlEt$_2$-Substituenten des inneren Schweratomgerüsts gegen GaEt$_2$-Gruppen findet ohne nennenswerte strukturelle Änderungen statt. Dies resultiert aus den annähernd gleichen Al-P- und Ga-P-Abständen, die ihren Ursprung in den fast übereinstimmenden Kovalenzradien von Aluminium und Gallium aufgrund der d-Block-Kontraktion haben.

Tabelle 13: Ausgewählte Bindungslängen und –winkel in **16**

Abstände [pm]		Winkel [°]	
P(1)-P(2)	226.06(16)	P(1)-Ga(2)-P(3)	83.03(5)
P(3)-P(4)	224.81(16)	P(2)-Ga(4)-P(4)	82.89(5)
P-Ga	243.64(13) – 249.45(14)	P(3)-Ga(3)-P2)	82.97(4)
P(1)-Si(1)	227.86(17)	P(4)-Ga(1)-P(1)	83.20(4)
P(2)-Si(2)	226.70(19)	Ga-P-Ga	97.81(2) – 99.53(1)
P(3)-Si(3)	227.03(18)	Si(1)-O(1)-Si(2)	132.6(2)
P(4)-Si(4)	227.55(18)	Si(3)-O(2)-Si(4)	132.7(2)

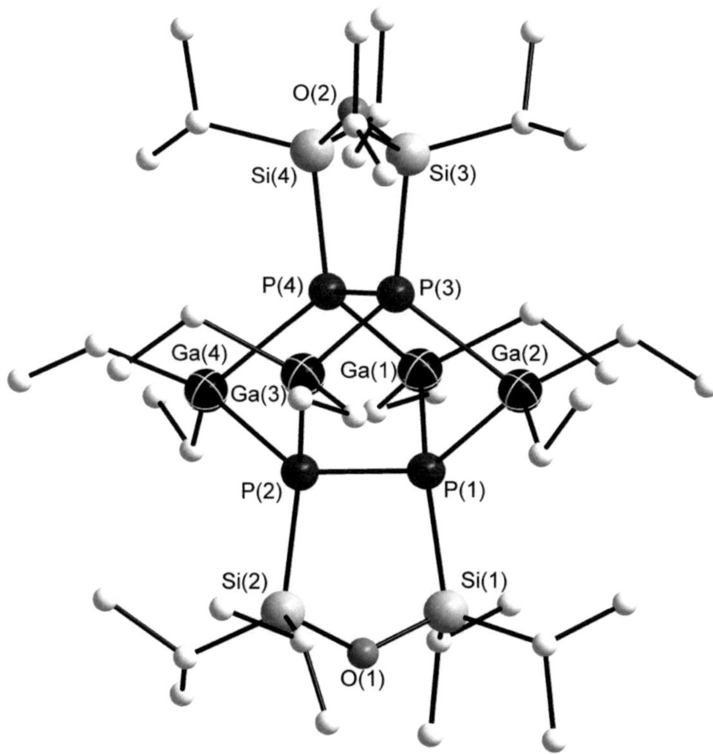

Abb. 41: Molekülstruktur von **16** im Kristall

Bei der Auswertung des ^{31}P-NMR-Spektrums zeigt die Galliumverbindung **16** gegenüber ihrem leichteren Homologen mit Aluminium **15** einen sofortigen und vollständigen Zerfall in ein ähnliches Zersetzungsprodukt. Dessen charakteristisches Aufspaltungsmuster (Abb. 42) eines AMX$_2$-Spinsystems von zwei zum Triplett aufgespaltenen Dubletts (A und B) und einem doppeltem Dublett (C), schon im [31]P[H]-NMR-Spektrum von **15** zu erkennen war. Der Vergleich der beiden Spektren zeigt die gleichen Aufspaltungsmuster, jedoch mit verschiedenen Kopplungskonstanten und chemischen Verschiebungen, sodass davon ausgegangen werden muss, dass die Zersetzungsprodukte noch teilweise die Metallatome ihrer Ausgangsverbindungen enthalten. Bis zum jetzigen Zeitpunkt ist es dessen ungeachtet noch nicht gelungen die Zusammensetzung oder Struktur zu bestimmen. Führt man die

NMR-Spektroskopie bei Kühlung auf -80°C durch, so lässt sich im ^{31}P-NMR-Spektrum ein einzelnes Singulett bei -186.0 ppm beobachten, wie die Struktur von **16** im Kristall es erwarten lässt und welches auch im ^{31}P-NMR-Spektrum für **15** nachgewiesen werden konnte. Dieses Signal verschwindet allerdings beim Erwärmen und schon bei 0°C liegt überwiegend das Zerfallsprodukt vor, wobei sich noch kleinere Signale höherer Ordnung beobachten lassen. Diese sind sehr wahrscheinlich Zwischenstufen des Zerfallsprozesses zuzuordnen, da sie beim vollständigen Erwärmen auf Raumtemperatur nur noch rudimentär vorhanden sind (Abb. 43). Die aufgenommen Massenspektren von **15** und **16** legen dabei nahe, dass als erster Schritt der Zersetzung die Abspaltung von [MEt$_4$]$^-$ auftritt.

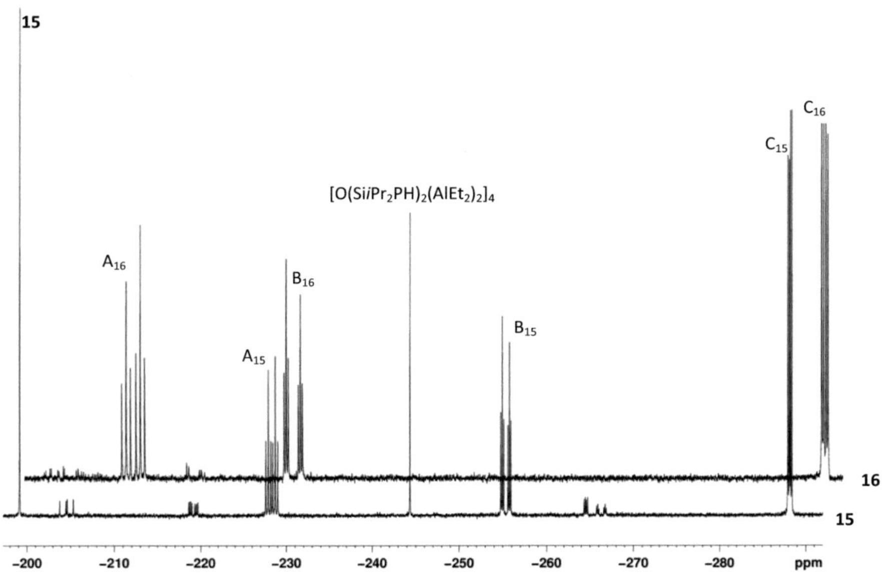

Abb. 42: Vergleich der ^{31}P-NMR-Spektren von **15** und **16**

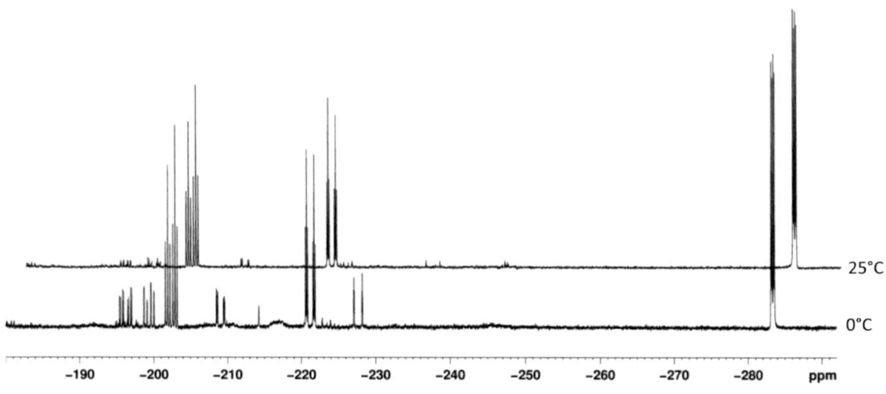

Abb. 43: Vergleich der ^{31}P-NMR-Spektren von **16** bei 0°C und nach 2 h bei 25°C

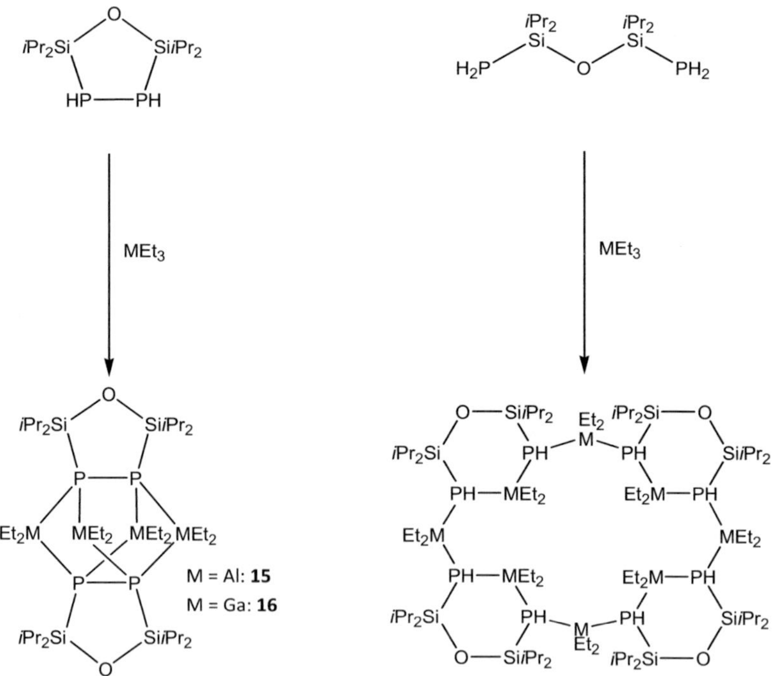

Abb. 44: Syntheseschema von **15** und **16** und der analogen Reaktion mit O(Si*i*Pr$_2$PH$_2$)$_2$

(M = Al, Ga)

3.7   Hybrid-Käfigverbindungen aus anorganischen und organischen Fragmenten

Die in dieser Arbeitsgruppe durchgeführten Forschungen beschäftigten sich in der Vergangenheit unter anderem mit der Synthese anorganischer Kryptanden wie z.B. der Verbindung $[P_2\{O(SiiPr_2)_2\}_2\{SiMe_2(OSiMe_2)_2\}]$. Im folgenden Abschnitt wird über Versuche berichtet, welche die Vorstufen dieser Verbindung als Bausteine dazu nutzen sollten hybride Käfigstrukturen aus anorganischen und organischen Fragmenten zu synthetisieren und diese hinsichtlich ihrer koordinativen Eigenschaften im Vergleich zu ihren vollständig organischen oder anorganischen Analoga zu untersuchen.

3.7.1   Molekülstruktur von $[P_2\{O(SiiPr_2)_2\}_2\{O(C_2H_4)_2\}]_2$ (17)

Wird das cyclische Diphosphanylsiloxan $[O(SiiPr_2)_2PH]_2$ mit nBuLi lithiiert und anschließend in THF mit einem Äquivalent des Organylhalogenids $O(C_2H_4I)_2$ zur Reaktion gebracht, so erhält man Verbindung **17** bereits nach wenigen Minuten Reaktionszeit als farbloses Pulver. Durch starkes Erhitzen des Reaktionsgemisches kann **17** wieder in Lösung gebracht werden und bildet bei langsamem Abkühlen zur Einkristallstrukturanalyse geeignete farblose rhomboedrische Kristalle. Die Strukturlösung und –verfeinerung erfolgte in der monoklinen Raumgruppe $P2_1/n$.

17 besteht aus zwei an den Phosphoratomen durch je eine $O(C_2H_4)_2$-Kette verknüpfte Einheiten des Diphosphanylsiloxans $[O(SiiPr_2)_2P]_2$, dabei stehen sich die beiden anorganischen $Si_4O_2P_2$-Ringsysteme ekliptisch gegenüber. Die organischen Brücken befinden sich nicht in der Ebene der vier Phosphoratome, sondern spannen sich bogenförmig oberhalb bzw. unterhalb dieser Ebene. Durch das in der Mitte des Moleküls liegende Inversionszentrum ergibt sich so eine röhrenartige Gestalt für Verbindung **17**.

Trotz der recht flexiblen Diethyletherbrücken weisen die beiden $Si_4O_2P_2$-Ringsysteme eine Spannung auf, erkennbar an den Si-O-Si-Winkeln, die mit 173.9 und 171.5° sehr nah bei den für $[O(SiiPr_2)_2PH]_2$ beobachteten Werten liegen. Dies trifft auch für die Werte der Si-P-Si-

Winkel mit 107.5 und 105.3° und die Si-P-Bindungslängen mit durchschnittlich 225.5 pm zu. Auch hier lässt sich die für das $Si_4O_2P_2$-Ringsystem typische Verdrehung der Siloxanbrücken gegeneinander über die O(1)-O(2)-Achse erkennen, wobei der P-P-Abstand der beiden Phosphoratome im gleichen Ring 506.6 pm beträgt und somit einen ähnlichen Wert wie in **3** aufweist, wo beide P-Atome 520.5 pm voneinander entfernt sind, die (iPr$_2$Si)$_2$O-Fragmente sind in **3** jedoch planar zueinander angeordnet.

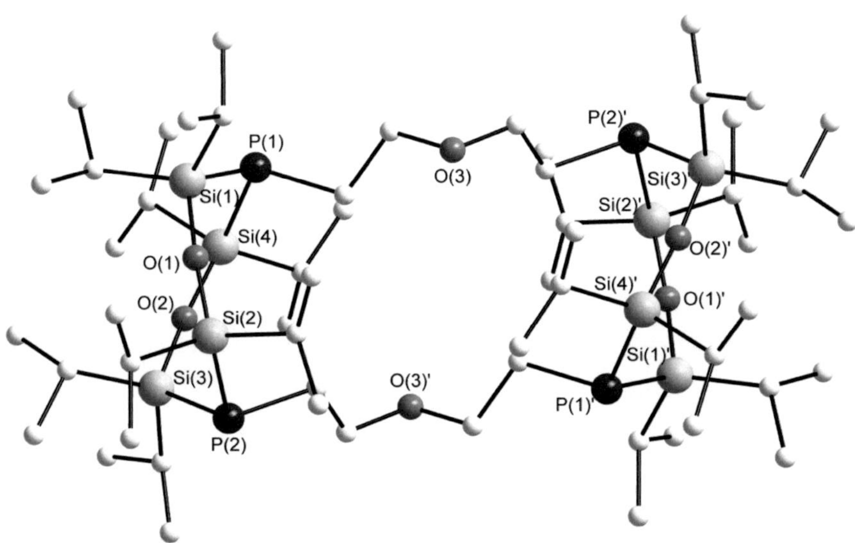

Abb. 45: Molekülstruktur von **17** im Kristall

Tabelle 14: Ausgewählte Bindungslängen und –winkel in **17**

Abstände [pm]		Winkel [°]	
P(1)-Si(1)	224.59(10)	Si(1)-P(1)-Si(4)	107.53(4)
P(1)-Si(4)	225.47(9)	Si(2)-P(2)-Si(3)	105.29(4)
P(2)-Si(2)	225.47(10)	Si(1)-O(1)-Si(2)	173.90(12)
P(2)-Si(3)	226.32(11)	Si(3)-O(2)-Si(4)	171.54(12)
P(1)-P(2)	506.55(13)		
O(3)...O(3)′	548.00(36)		

Es war bisher nicht möglich die monomere Form von **17** zu isolieren, auch aus großer Verdünnung stellt das Dimer das einzige Produkt dar, wobei es keinen Unterschied macht, ob **1 – 3** oder die entsprechende Lithiumverbindung als Edukte verwendet werden. Eine wesentliche Rolle spielt dabei jedoch die Form des eingesetzten Organylhalogenids, so zeigen die Chloride nur eine sehr eingeschränkte Reaktivität, was einen unzureichenden Umsatzgrad zur Folge hat, während der Einsatz von Bromiden aufgrund der schlechten Löslichkeit von **17** in organischen Lösungsmitteln zu einer simultanen Ausfällung mit dem bei der Reaktion anfallenden Metallbromid führt und diese nur sehr schwer voneinander getrennt werden können. Die Verwendung von Iodiden hingegen ermöglicht hohe Ausbeuten und Reinheit, da das gebildete Metalliodid in Lösung verbleibt und **17** auch aus großen Mengen Lösungsmittel in kristalliner Form isoliert werden kann.

Bisher durchgeführte Versuche, Koordinationsverbindungen von **17** mit Metallkationen zu erhalten, die für die ähnlich aufgebauten rein anorganischen Verbindungen $[P_4\{(SiMe_2)_2O\}_6]$ und $[P_2\{(Si\mathit{i}Pr_2)_2O\}_2\{Me_2Si(OSiMe_2)_2\}]$ synthetisiert werden konnten (siehe 1.4), waren nicht erfolgreich. Ursachen dafür sind vermutlich die schlechte Löslichkeit von **17** in organischen Lösungsmitteln und die recht große sterische Abschirmung des in der Mitte des Moleküls vorliegenden Hohlraumes durch die iso-Propylsubstituenten der $Si_4O_2P_2$-Ringsysteme.

3.7.2   Molekülstruktur von $[\{O(Si\mathit{i}Pr_2)_2P\}_4\{O_2(C_2H_4)_3\}_2]\cdot Li_2I_2$ (18)

Erweitert man die Kettenlänge des zur Synthese von **17** verwendeten halogenierten Ethers um eine OC_2H_4-Einheit, so kann bei der Umsetzung mit der zweifach lithiierten Verbindung von $[O(Si\mathit{i}Pr_2)_2PH]_2$ ebenfalls eine Dimerisierung mittels Verknüpfung der anorganischen Ringsysteme durch organische Etherketten beobachtet werden. Im Unterschied zu **17** führt jedoch die Verlängerung der organischen Komponente gleichzeitig zur Einlagerung von zwei Äquivalenten Lithiumiodid in die Käfigverbindung **18**. Die Verbindung kristallisiert in der monoklinen Raumgruppe $P2_1$ mit einem Molekül Toluol pro Formeleinheit.

Ähnlich zu **17** besteht **18** aus zwei durch $C_2H_4(OC_2H_4)_2$-Ketten verknüpfte Si_4O_2P-Ringsystemen, welche in diesem Falle jedoch eine gestaffelte Anordnung zueinander aufweisen, so dass sich die Iodatome mit je zwei Siliziumatomen gegenüberliegender Ringe ungefähr in einer Linie befinden. Somit erstrecken sich die Etherbrücken räumlich gesehen leicht über die Li(1)-Li(2)-Achse gegeneinander verdreht zu den jeweiligen Phosphoratomen der sich gegenüberliegenden Ringsysteme. Jedes Lithiumatom wird von je zwei Sauerstoffatomen aus einer der zwei Etherketten und den beiden μ_2-verbrückenden Iodatomen koordiniert, so dass ein Li_2I_2-Ring entsteht und für Lithium eine tetraedrische Koordinationsgeometrie erhalten wird. Die Koordination der Lithiumatome erfolgt dabei ausschließlich durch Sauerstoff und Iod, die Phosphoratome sind mit einem Mindestabstand von 525 pm zum Lithium offensichtlich nicht an einer Koordination beteiligt. Durch die koordinativen Bindungen der Sauerstoffatome werden die organischen Brückenelemente leicht nach innen gezogen und fixiert, so dass die zylindrische Gestalt des Moleküls ähnlich Verbindung **17** nahezu erhalten bleibt.

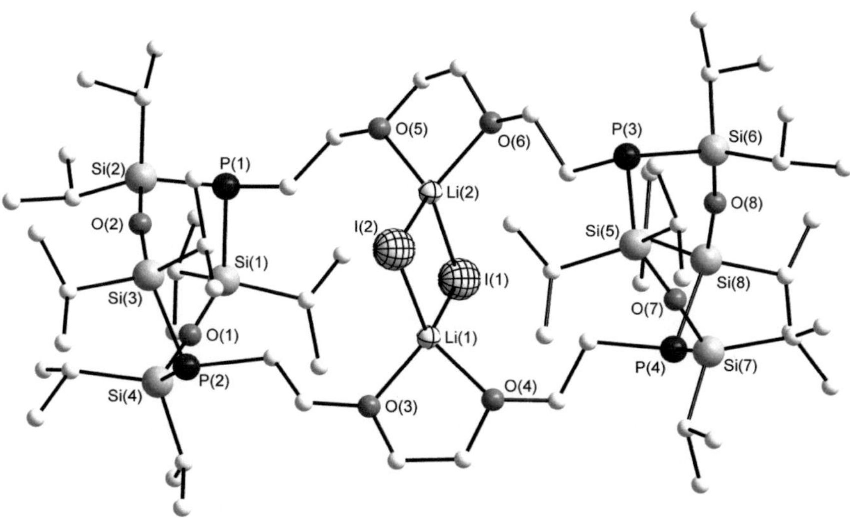

Abb. 46: Molekülstruktur von **18** im Kristall

Bei Betrachtung der Li-I-Abstände findet man Werte zwischen 269.8 und 272.5 pm, was für eine Bindungslänge zwischen diesen beiden Elementen einen recht kleinen Betrag darstellt, so finden sich im Heterocuban $[LiI(Et_2O)]_4$ Werte um 280 pm für μ_3-verbrückende Iodatome und im [Li(2-Methylpyridin)$_2$I]$_2$ durchschnittlich 279 pm für μ_2-verbrückte Iodatome.[61, 62] Auch die Li-O-Abstände erscheinen mit im Mittel 199.4 pm leicht verkürzt gegenüber der DME-koordinierten Verbindung Li(DME)$_2$I, in der sie durchschnittlich 205.9 pm betragen.[63] Der transannulare Abstand der beiden Metallatome von 322.1 pm ist etwas kürzer als in der Verbindung [LiI(PyCH$_2$N(H)SitBuMe$_2$)]$_2$ von *Westermann* mit 341.8 pm, da dort durchschnittlich größere Li-I-Li- (76.2°) und kleinere I-Li-I-Winkel (103.8°) vorliegen als in **18** (Li-I-Li: 72.9°, I-Li-I: 107.0°).[64] Die Bindungslängen und -winkel der beiden Diphosphanylsiloxan-Ringsysteme entsprechen weitestgehend den in Verbindung **17** gefundenen Werten und sollen daher hier nicht näher diskutiert werden.

Der Einbau des Li$_2$I$_2$-Fragmentes in das Wirtsmolekül lässt sich im ^{7}Li-NMR-Spektrum bestätigen, man erhält dort ein Singulett bei 0.99 ppm und das ^{31}P-NMR-Spektrum zeigt ebenfalls ein einzelnes Singulett für alle vier Phosphoratome bei -189.3 ppm. Auch die durchgeführte Elementaranalyse bestätigt die Zusammensetzung von **18**, Abweichungen sind auf den hohen Lösungsmittelgehalt der verwendeten Kristalle zurückzuführen.

Tabelle 15: Ausgewählte Bindungslängen und –winkel in **18**

Abstände [pm]		Winkel [°]	
Li(1)-I(1)	270.9(13)	O(3)-Li(1)-O(4)	85.7(5)
Li(1)-I(2)	272.5(14)	O(5)-Li(2)-O(6)	85.5(5)
Li(2)-I(1)	271.4(13)	Li(1)-I(1)-Li(2)	72.9(4)
Li(2)-I(2)	269.8(12)	Li(1)-I(2)-Li(2)	72.9(4)
Li(1)-O(3)	199.1(14)	I(1)-Li(1)-I(2)	106.7(4)
Li(1)-O(4)	198.6(13)	I(1)-Li(2)-I(2)	107.3(4)
Li(2)-O(5)	198.2(12)	Si-P-Si	105.8(9) – 107.3(9)
Li(2)-O(6)	201.5(13)	Si-O-Si	169.8(3) – 171.6(3)
Li(1)...Li(2)	322.1(14)		
I(1)...I(2)	436.0(10)		
Si-P	223.8(3) – 226.5(3)		

3.7.3   Molekülstruktur von [{O(SiiPr$_2$)$_2$P}$_4${O$_2$(C$_2$H$_4$)$_3$}$_2$] · Ag$_2$I$_2$ (19)

Da bei der Synthese von **18** ein Einbau von Li$_2$I$_2$ in die Käfigstruktur beobachtet werden konnte, wurden weitere Untersuchungen in dieser Richtung durchgeführt, um zu klären inwieweit dieser Prozess reversibel ist und den Einfluss der zentralen Metalle auf das Molekül zu untersuchen. Dazu wurde versucht, das Lithiumiodid unter Zuhilfenahme von AgF als Fällungsreagenz als LiF zu entfernen, wobei das dabei gebildete AgI ebenfalls mit abgetrennt werden sollte. Löst man **18** in Toluol und setzt anschließend einen großen Überschuss an AgF hinzu, so scheidet sich jedoch ausschließlich LiF ab und man erhält Verbindung **19** durch Aufkonzentrieren der Reaktionslösung als farblose stäbchenförmige Kristalle in der orthorhombischen Raumgruppe Pca2$_1$.

Die Zusammensetzung von **19** entspricht weitestgehend der von **18** mit dem Unterschied, dass ein Austausch der Lithiumatome gegen Silber stattgefunden hat und sich nun eine Ag$_2$I$_2$-Einheit im Inneren des Moleküls eingelagert hat. Die auffälligste Abweichung zu **18** ist die Tatsache, dass die Silberionen in **19** nicht von den Sauerstoffatomen, sondern von den Phosphoratomen koordiniert werden, was deutliche Änderungen der gesamten Struktur des Wirtsmoleküls zur Folge hat. Haben die Iodatome weitestgehend ihren Platz behalten, so befinden sich die von ihnen μ_2-verbrückten Silberatome durch ihre zusätzliche Bindung an die Phosphoratome zu den anorganischen Ringen hin ausgerichtet, wodurch die M$_2$I$_2$-Einheit gegenüber **18** um 90° um die I(1)-I(2)-Achse gedreht erscheint. Diese veränderte Bindungssituation führt zur Annäherung der beiden Si$_4$O$_2$P$_2$-Ringsysteme, was durch die Wölbung der Etherbrücken nach außen kompensiert wird. Folglich ergibt sich ein nahezu kreisförmiger Aufbau des Wirtsmoleküls, der auch aus der in diesem Fall ekliptischen Anordnung der beiden Si$_4$O$_2$P$_2$-Ringsysteme hervorgeht.

Ähnliche Verbindungen konnten bereits von *Pettinari et al.* durch die Umsetzung verschiedener Variationen von Bis(diphenylpnikogeno)alkan-Liganden der Form Ph$_2$E(CH$_2$)$_x$EPh$_2$ (E = P, As), wie beispielsweise dppn, und AgI synthetisiert werden. Dabei entstehen ebenfalls Ag$_2$I$_2$-Fragmente, die durch verbrückte Phosphane koordiniert werden, wie in der Verbindung [AgI(dppn)]$_2$.[65] Andere phosphorkoordinierte AgI-Verbindungen konnten von *Yap et al.* durch die Umsetzung von Ph$_2$CyP mit AgI dargestellt werden, wobei abhängig von der Stöchiometrie ein Ag_2I_2-Vierring oder ein Ag_4I_4-Heterocuban erhalten wurde. [66,67]

Die in **19** beobachteten Ag-I-Bindungslängen besitzen nur eine sehr kleine Streuung ihrer Beträge von 288.3 – 289.0 pm und entsprechen weitestgehend den in $Ag_2I_2(Ph_2Cy)_4$ gefundenen Werten, wobei die Ag-P-Abstände mit durchschnittlich 257.6 pm in **19** durch den Einbau des Phosphors in ein starres Gerüst ein wenig länger sind als die vorhandenen Bindungen im $Ag_2I_2(Ph_2Cy)_4$ mit 253 pm zu den nicht fixierten Phosphoratomen. Die Winkel der M_2I_2-Einheit haben sich in **19** mit Durchschnittswerten von M-I-M 87.9° und I-M-I 91.6° im Vergleich zu **18** mit 72.9° und 107.0° deutlich dem 90°-Wert genähert, so dass der zentrale Ag_2I_2-Vierring als fast quadratisch beschrieben werden kann und einen Ag-Ag-Abstand von 400.7 pm aufweist.

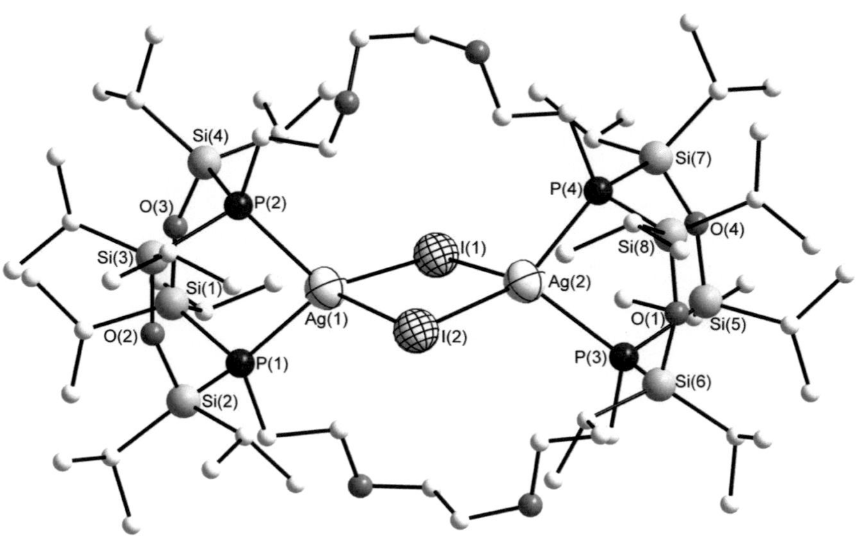

Abb. 47: Molekülstruktur von **19** im Kristall

Das unterschiedliche Koordinationsverhalten von **18** und **19** kann auch im ^{1}H-NMR-Spektrum beobachtet werden, so führt die Koordination des Lithiums bei **18** an die Sauerstoffatome der $(OC_2H_4)_2C_2H_4$-Fragmente zu einer deutlichen Hochfeldverschiebung der Protonensignale (Abb. 48: A - C). Die Koordination der Silberionen in **19** bewirkt unterdessen eine Veränderung der Signale der iso-Propylsubstituenten des Diphosphanylsiloxanringes bei 1.3 ppm durch Verschiebung der Methinwasserstoff-Signale. Des Weiteren ist das ^{31}P[H]-NMR-Spektrum von Interesse, dort lässt sich bei -175.2 ppm ein doppeltes Dublett erkennen (Abb. 49), das aus den leicht unterschiedlichen Kopplungskonstanten von ^{31}P zu den beiden Silberisotopen ^{107}Ag und ^{109}Ag resultiert, welche beide mit jeweils ca. 50% natürlicher Häufigkeit einen Kernspin von ½ aufweisen. Die Kopplungskonstanten betragen dabei $J(P,^{107}Ag)$ = 185 Hz und $J(P,^{109}Ag)$ = 213 Hz, wobei der Quotient der gyromagnetischen Verhältnisse das Verhältnis der beiden Kopplungskonstanten zueinander wiederspiegelt.[68] Diese Werte stellen für eine Ag-P-Kopplung sehr kleine Beträge dar, da für Ag(I)-P-Verbindungen Kopplungskonstanten > 900 Hz bekannt sind.[69]

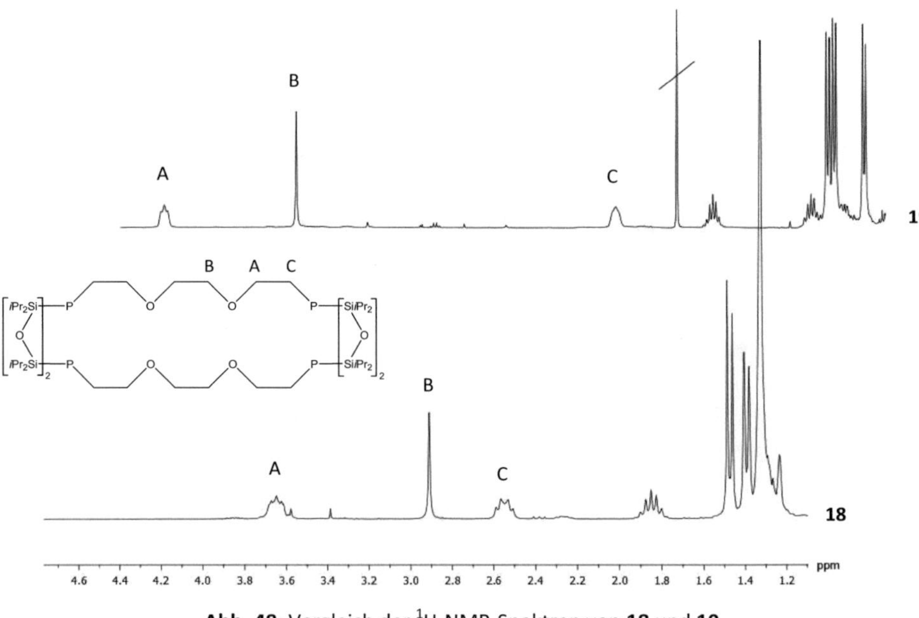

Abb. 48: Vergleich der ^{1}H-NMR-Spektren von **18** und **19**

Durch die Darstellung der Verbindungen **18** und **19** konnte erstmals ein Hybridkryptand synthetisiert werden, der aufgrund der verschiedenartigen Koordinationseigenschaften der vorhandenen Sauerstoff- und Phosphoratome in der Lage ist, unterschiedlichste Metalle zu koordinieren. Das hier beobachtete Koordinationsverhalten von Lithium und Silber kann durch das Pearson- oder HSAB-Konzept beschrieben werden, so bevorzugt das Silber(I) den weichen Phosphor als Bindungspartner, während für Lithium die Koordination zum härteren Sauerstoff begünstigt ist.[70]

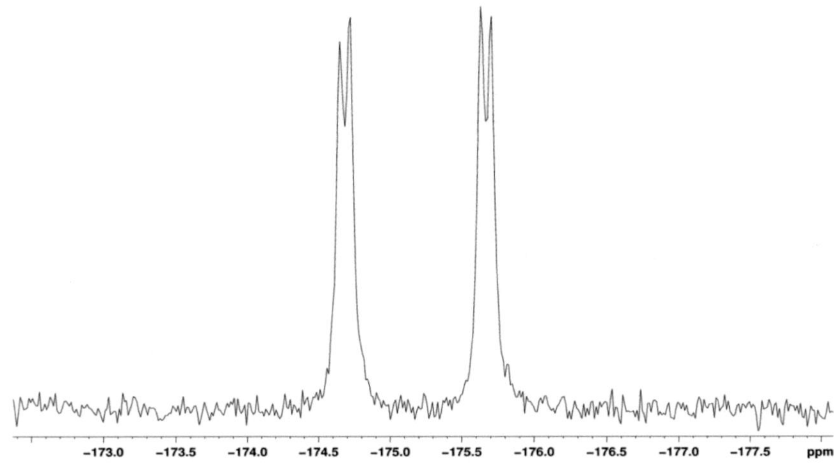

Abb. 49: Auszug aus dem ^{31}P-NMR-Spektrum von **19**

Tabelle 16: Ausgewählte Bindungslängen und –winkel in **19**

Abstände [pm]		Winkel [°]	
Ag(1)-I(1)	288.5(11)	P(1)-Ag(1)-P(2)	93.21(7)
Ag(1)-I(2)	288.3(11)	P(3)-Ag(2)-P(4)	93.36(7)
Ag(2)-I(1)	288.5(11)	Ag(1)-I(1)-Ag(2)	87.95(3)
Ag(2)-I(2)	289.0(11)	Ag(1)-I(2)-Ag(2)	87.89(3)
Ag(1)-P(1)	257.1(2)	I(1)-Ag(1)-I(2)	91.69(3)
Ag(1)-P(2)	257.1(2)	I(1)-Ag(2)-I(2)	91.56(3)
Ag(2)-P(3)	259.3(2)	Si-P-Si	108.5(9) – 114.1(12)
Ag(2)-P(4)	256.7(2)	Si-O-Si	155.7(4) – 162.0(4)
Ag(1)...Ag(2)	400.7(13)		
I(1)...I(2)	413.9(12)		
Si-P	2261.(4) – 229.3(3)		

3.7.4   Molekülstruktur von [P$_2${O(SiiPr$_2$)$_2$}$_2${O$_2$(C$_2$H$_4$)$_3$}]$_2$ · Li$_4$I$_4$ (20)

Verändert man die Aufarbeitung von **18** dahingehend, dass statt mit Toluol nach der Umsetzung von Li$_2$[O(SiiPr$_2$)$_2$P]$_2$ mit C$_2$H$_4$(OC$_2$H$_4$I)$_2$ der Rückstand mit einer größeren Menge Heptan unter Erhitzen behandelt wird, so können aus dem Extrakt nach erneutem Umkristallisieren aus Toluol zur Einkristallstrukturanalyse geeignete Kristalle von **20** gewonnen werden, die in der monoklinen Raumgruppe *P*2$_1$/*n* mit einem Lösungsmittelmolekül pro Formeleinheit vorliegen.

Bei **20** handelt es sich im Gegensatz zu **18** um eine monomere Verbindung, so hat statt einer Dimerisierung durch intermolekulare Verknüpfung zweier Diphosphanylsiloxanringe durch die eingesetzten organischen Ether nun eine intramolekulare Reaktion stattgefunden, durch welche ein einzelner Si$_4$O$_2$P$_2$-Ring eine (OC$_2$H$_4$)$_2$C$_2$H$_4$-Einheit an seine Phosphoratome addiert. Dabei ändert sich jedoch das Koordinationsverhalten der Verbindung grundlegend, so befinden sich die Lithiumatome nicht mehr innerhalb der Käfigstruktur, sondern bilden außerhalb Li$_4$I$_4$-Heterocubanstrukturen aus, welche von den Sauerstoffatomen über eine Koordination der Lithiumatome zu einer dreidimensionalen Netzstruktur verknüpft werden (Abb. 51). Diese besteht 1:1 aus Li$_4$I$_4$-Heterocubanen und Si$_4$O$_2$P$_2$C$_6$O$_2$-Käfigeinheiten.

Der Vergleich zum nicht in eine Netzstruktur eingelagerten [LiI(Et$_2$O)]$_4$-Heterocuban von *Junk et al.* zeigt einen wesentlich weniger stark verzerrten Li$_4$I$_4$-Würfel, dessen Winkel mit Werten für I-Li-I mit 100.4 − 101.9° und Li-I-Li mit 76.8 − 77.8° weit weniger streuen als in **20** mit 98.0 − 106.5° für I-Li-I und 73.6 − 79.3° für Li-I-Li und auch näher an der idealen 90°-Marke liegen.[71] Ein ähnliches Bild ergibt sich für die Li-I-Bindungslängen, so finden sich in **20** trotz größerer Streuung der Werte mit im Mittel 277.1 pm etwas kürzere Abstände als im [LiI(Et$_2$O)]$_4$ mit 279.9 pm. Daraus resultiert auch der in **20** durchschnittlich um ca. 12 pm kürzere Li-Li-Abstand innerhalb des Würfels, was zusammen mit der Fixierung der Sauerstoffatome in der Käfigstruktur zur Verlängerung der Li-O-Bindungen auf durchschnittlich 194.7 gegenüber 191.0 pm im [LiI(Et$_2$O)]$_4$ zu den freien Et$_2$O-Liganden führt.

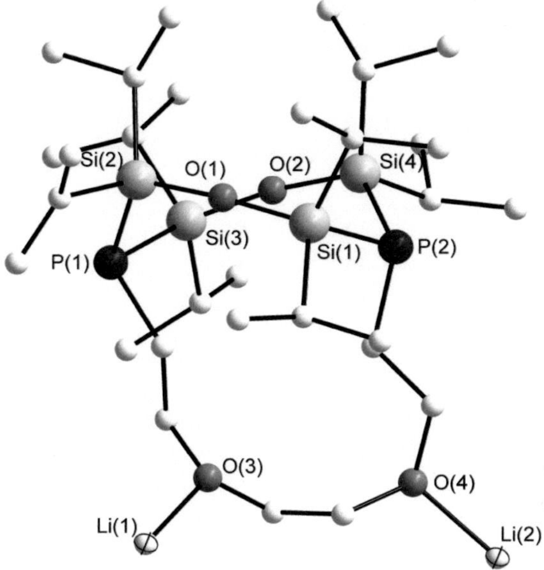

Abb. 50: Teilstruktur von **20** im Kristall

Tabelle 17: Ausgewählte Bindungslängen und –winkel in **20**

Abstände [pm]		Winkel [°]	
Li-I	273.8(9) – 282.4(10)	Li-I-Li	73.6(3) – 79.3(3)
Li-O	190.7(9) – 200.8(9)	I-Li-I	98.0(3) – 106.5(3)
P-Si	224.9(2) – 227.6(2)	Si-P-Si	104.2(7) – 107.7(9)
Li-Li	333.3(13) – 344.7(12)	Si-O-Si	168.0(3) – 172.7(2)
I-I	421.5(12) – 440.1(8)		

Aufgrund der anspruchsvollen Synthese und recht geringen Ausbeuten konnten noch keine Untersuchungen hinsichtlich der koordinativen Eigenschaften durchgeführt werden, ob u.a. ein Metallaustausch wie bei **18** und **19** möglich ist und welche strukturellen Änderungen dies zur Folge haben würde. Die schlechte Löslichkeit in donorfreien organischen Lösungsmitteln verhindert zudem NMR-spektroskopische Charakterisierungen, jedoch konnte die Zusammensetzung von **20** mittels einer durchgeführten Elementaranalyse bestätigt werden.

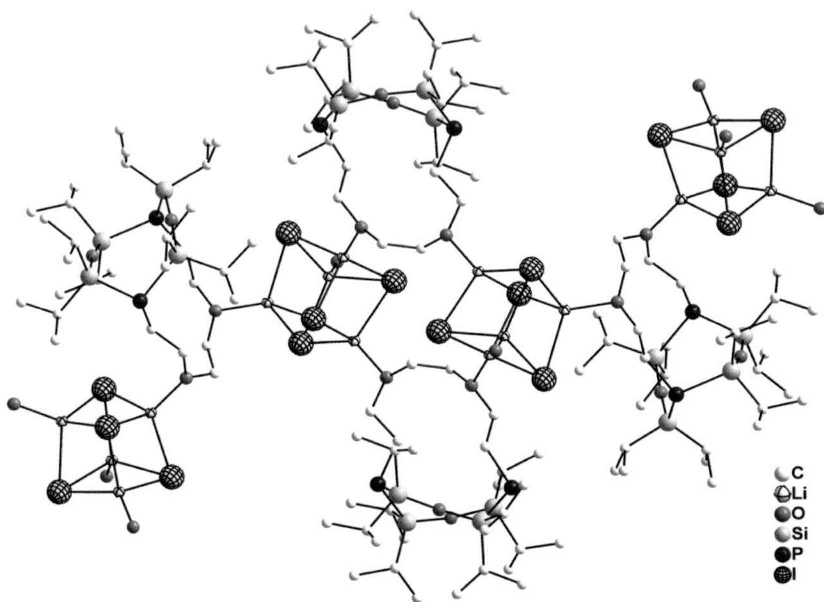

Abb. 51: Netzstruktur von **20** im Kristall

4   Experimenteller Teil

4.1   Arbeitstechniken und verwendete Geräte

Alle durchgeführten Arbeitsschritte wurden aufgrund der Hydrolyse- und Oxidationsempfindlichkeit der verwendeten und synthetisierten Substanzen unter Luft- und Feuchtigkeitsausschluss in einer Stickstoff-Schutzgasatmosphäre durch Verwendung der Schlenk-Technik durchgeführt. Die Lagerung und Einwaage dieser Feststoffe, ebenso wie die Probenvorbereitung für die durchgeführte Analytik, erfolgte in einer Glovebox (Typ Unilab der Firma *M. Braun*) unter Argonatmosphäre. Sämtliche eingesetzten Lösungsmittel wurden nach gebräuchlichen Methoden absolutiert.

4.2   Analytische Methoden

Elementaranalysen (C, H) wurden in gepressten Zinnschiffchen mit dem Gerät *elementar MICRO CUBE* der Firma *Vario* bestimmt. Die Angaben erfolgen in Gewichtsprozent.

Kristallstrukturanalysen wurden mit einem Flächendetektor *IPDS II* des Herstellers *Stoe* durchgeführt (Details siehe Kapitel 5).

Die Aufnahme der **Massenspektren** erfolgte auf dem Gerät *Varian MAT 3830* (70 eV, Quellentemperatur variabel).

Infrarotspektren wurden mit dem Gerät *Spectrum-GX* der Firma *Perkin Elmer* gemessen. Die Flüssigkeiten wurden zwischen zwei KBr-Platten untersucht. Es werden folgende

Zuordnungen bei der Auswertung verwendet: sehr stark (vs), stark (s), mittel (m), schwach (w), sehr schwach (vw), breit (br).

Kernresonanzspektroskopie wurde auf den Geräten *DPX Avance 300*, *DPX Avance 400* und *Advance III* des Herstellers *Bruker* durchgeführt. Alle angegebenen chemischen Verschiebungen (in ppm) beziehen sich auf Tetramethylsilan (^{1}H, ^{13}C, ^{29}Si) und 85%-ige H_3PO_4 (^{31}P) als Standard. Sämtliche aufgenommenen ^{13}C-NMR-Spektren sind ^{1}H-Breitband entkoppelt. Die Auswertung der Spektren erfolgte mit den Programmen *Topspin*[72] und *MestreNova*.[73]

Die Multiplizität der Signale wird durch folgende Abkürzungen wiedergegeben:

s = Singulett, d = Dublett, t = Triplett, q = Quartett, sept = Septett, m = Multiplett, br = verbreitert

4.3   Darstellung der eingesetzten Ausgangsverbindungen

Die Chemikalien PH_3, Mg, *i*PrCl, $HSiCl_3$, $HN(SiMe_3)_2$, $InCl_3$, $SnCl_2$, AgF, $AlEt_3$, $GaEt_3$, $C_2H_4Br_2$, C_2H_5Br, $(BrC_2H_4)O$, $(IC_2H_4)O$ und $C_2H_4(OC_2H_4I)_2$ standen zur Verfügung.

Die Erdalkalisilazanide der Elemente Magnesium, Calcium, Strontium und Barium wurden nach Literaturvorschriften hergestellt.[74, 75]

4.3.1   Darstellung von Li(DME)PH$_2$

Zu 300 ml auf -60°C gekühltem DME werden, unter gleichzeitiger Einleitung von PH_3 durch ein Gasrohr, 300 ml einer Lösung von 1.6 M *n*BuLi in Hexan langsam über mehrere Stunden zugetropft, so dass die Temperatur des Reaktionsgemisches konstant bleibt. Nach vollständiger Zugabe des *n*BuLi wird die PH_3-Zufuhr beendet, die Lösung langsam auf Raumtemperatur erwärmt und zwei weitere Stunden gerührt. Nach mehreren Tagen Lagerung bei -78°C scheidet sich Li(DME)PH$_2$ als weißer Feststoff ab, der von der Lösung abgetrennt und im Vakuum getrocknet wird. Ausbeute: 55.85 g (42.96 mmol, 89.5%).

^{1}H-NMR (THF-D$_8$): δ [ppm] = -1.38 (d, $^1J_{PH}$ = 194 Hz), 3.27 (s, DME), 3.43 (s, DME)

^{13}C-NMR (THF-D$_8$): δ [ppm] = 56.5 (s, DME), 70.3 (s, DME)

^{31}P-NMR (THF-D$_8$): δ [ppm] = -288.6 (t, $^1J_{PH}$ = 149 Hz)

Elementaranalyse [%] gef. (ber.): **C** 35.64 (36.94), **H** 8.37 (9.30)

4.3.2   Darstellung von *i*Pr$_3$SiPH$_2$

10.00 g (76.92 mmol) Li(DME)PH$_2$ werden in 200 ml THF gelöst und auf 0°C gekühlt. Anschließend werden 16.46 ml (76.92 mmol, 1 Äq.) *i*Pr$_3$SiCl, in 50 ml THF verdünnt, innerhalb von 10 min zugetropft. Das Reaktionsgemisch wird 24 h gerührt und das Lösungsmittel im Vakuum entfernt. Der verbleibende Rückstand wird zweimal mit je 50 ml *n*Pentan extrahiert und das Lösungsmittel der vereinigten Extrakte im Vakuum entfernt. Das erhaltene Öl wird durch Destillation im dynamischen Ölpumpenvakuum (ca. 10^{-3} mbar) bei 35°C gereinigt. Ausbeute: 11.09 g (58.37 mmol, 75.88%)

^{1}H-NMR (C$_6$D$_6$): δ [ppm] = 0.96 (d, $^1J_{PH}$ = 184.5 Hz, 2 H, P**H**$_2$), 0.99 (m, 21 H, *i*Pr)

^{31}P-NMR (C$_6$D$_6$): δ [ppm] = -274.4 (t, $^1J_{PH}$ = 184.5 Hz)

4.3.3   Darstellung von O(Si*i*Pr$_2$H)$_2$

In einem 3-l-Dreihalskolben werden 24.305 g (1.0 mol, 2 Äq.) Magnesiumspäne vorgelegt und in ca. 100 ml Diethylether suspendiert. Dann werden vorsichtig ca. 7 ml *i*PrCl zugegeben, bis die Reaktionslösung eine Trübung aufweist und die Reaktion somit in Gang gesetzt ist. Anschließend werden die restlichen 100.5 ml (1.1 mol, 2.2 Äq.) *i*PrCl verdünnt in 400 ml Diethylether so schnell zugetropft, dass die Reaktion eben siedet. Nach der vollständigen Zugabe wird weitere 4 h unter Rückfluss erhitzt, bis das Magnesium komplett umgesetzt ist. Dann wird der Kolben mit Diethylether bis auf 2.5 l aufgefüllt und innerhalb von 25 min 50.54 ml (0.5 mol, 1 Äq.) Trichlorsilan, verdünnt in Diethylether (1:2), zugetropft und anschließend 2 Tage bei Raumtemperatur gerührt. Die Reaktionsmischung wird mit einer Mischung aus 1.5 kg Eis/300 ml 35%ige HCl hydrolysiert. Die wässrige Phase wird mit Diethylether extrahiert, die organischen Phasen vereinigt und ihr Volumen reduziert. Der Rückstand wird mehrere Tage über ausreichend CaCl$_2$ (mindestens 0.5 mol) getrocknet. Anschließend wird das Trockenmittel durch Filtration abgetrennt, die flüchtigen

Komponenten durch Destillation entfernt und der Rückstand im Vakuum bei 24 mbar und 120°C destilliert. Es werden 43.0 g (174 mmol, 69.6 % Ausbeute) des Produkts als farblose Flüssigkeit erhalten.

^{1}H-NMR (C$_6$D$_6$): δ [ppm] = 0.92 (m, 4 H, C**H**(CH$_3$)$_2$), 1.07 (m, 24 H, CH(C**H**$_3$)$_2$), 4.53 (dd, $^3J_{HH}$ = 1.67 Hz, 2 H, SiH)

4.3.4   Darstellung von O(Si*i*Pr$_2$Cl$_2$)$_2$

Es werden 43.0 g (174 mmol, 1 Äq.) O(HSi*i*Pr$_2$)$_2$ in 500 ml CHCl$_3$ vorgelegt und bei 0°C 30 min vorsichtig Chlorgas eingeleitet. Dann wird 5 min bei 50 mbar HCl abkondensiert und anschließend weitere 30 min Chlorgas eingeleitet, bis die Entfärbung der Reaktionslösung sich deutlich verlangsamt hat. Zur Kontrolle des Umsatzgrades wird ein ^{1}H-NMR Spektrum gemessen und sobald das Si-H Signal verschwunden ist, werden die flüchtigen Komponenten entfernt und der Rückstand im dynamischen Vakuum bei 70 - 80°C und 1 x 10^{-3} mbar destilliert. Es werden 44.21 g (140 mmol, 80.55 %) Ausbeute des Produkts als farblose Flüssigkeit erhalten.

^{1}H-NMR (C$_6$D$_6$): δ [ppm] = 1.05 (m, 28 H, *i*Pr)

4.3.5   Darstellung von O(Si*i*Pr$_2$PH$_2$)$_2$

In 800 ml THF werden 16.26 g (125 mmol, 2 Äq.) Li(DME)PH$_2$ suspendiert. Dazu werden 20.0 ml (62.5 mmol, 0.5 Äq.) O(ClSi*i*Pr$_2$)$_2$ gelöst in 200 ml THF bei -25°C schnell zugetropft (ca. 10 min). Die Suspension wird 2 Tage bei Raumtemperatur gerührt, bis das Li(DME)PH$_2$ vollständig umgesetzt ist. Danach wird das Lösungsmittel im Vakuum entfernt und der Rückstand in 250 ml *n*Pentan aufgenommen. Das dabei ausfallende LiCl wird abfiltriert und mit insgesamt 100 ml *n*Pentan mehrmals gewaschen. Das Filtrat wird eingeengt und im Vakuum destilliert (Sdp. 70°C, 1 x 10^{-3} mbar). Es werden 7.52 g (24.2 mmol, 38.7%) Ausbeute des Produktes als farblose Flüssigkeit erhalten.

^{1}H-NMR (C$_6$D$_6$): δ [ppm] = 1.13 (m, 28 H, *i*Pr), 1.32 (d, m, $^1J_{PH}$ = 185 Hz, $^5J_{PH}$ = 0.5 Hz, 4 H, P**H**$_2$)
^{31}P-NMR (C$_6$D$_6$): δ [ppm] = -260.5 (t, PH$_2$, $^1J_{PH}$ = 187.0 Hz, $^2J_{HH}$ = 5.7 Hz)

4.3.6   Darstellung von [O(Si*i*Pr$_2$)$_2$PH]$_2$

Durch Umkristallisieren des verbleibenden Rückstandes der abschließenden Destillation bei der Synthese von O(Si*i*Pr$_2$PH$_2$)$_2$ (siehe 4.3.5) aus 25 ml *n*Pentan erhält man bei -35°C farblose Kristalle der cyclischen Verbindung [O(Si*i*Pr$_2$)$_2$PH]$_2$. Ausbeute: 7.71 g (13.9 mmol, 22.3%).

^{1}H-NMR (C$_6$D$_6$): δ [ppm] = 0.99 (d, ^{1}J$_{PH}$ = 194 Hz, P**H**, 2 H), 1.18 ppm (m, *i*Pr, 56 H)

^{31}P-NMR (C$_6$D$_6$): δ [ppm] = -269 (d, ^{1}J$_{PH}$ = 194 Hz)

4.3.7   Darstellung von *i*Pr$_3$In

1.811 g (74.51 mmol) Mg werden in 50 ml Et$_2$O vorgelegt und 7.0 ml (99.13 mmol, 1.3 Äq) *i*PrCl in 75 ml Et$_2$O verdünnt so zugetropft, dass die Reaktion eben siedet. Nach vollständiger Zugabe wird das Reaktionsgemisch noch weitere 3 h Refluxiert, bis das gesamte Magnesium vollständig umgesetzt ist. Die so erhaltene dunkle Lösung von *i*PrMgCl wird langsam zu einer Suspension aus 5.21 g (23.58 mmol, 0.3 Äq) InCl$_3$ in 100 ml Et$_2$O getropft. Das Gemisch wird 24 h bei Raumtemperatur gerührt und anschließend vom ausgefallenen MgCl$_2$, welches mit 50 ml Et$_2$O gewaschen wird, abgetrennt. Das Lösungsmittel wird im Vakuum entfernt und aus dem farblosen Rückstand bei 70°C und 1 x 10^{-3} mbar ein schwach gelbgrün gefärbtes Öl erhalten. Ausbeute 3.62 g (14.84 mmol, 62.89 %).

^{1}H-NMR (C$_6$D$_6$): δ [ppm] = 1.13 (m, 3 H, C**H**(CH$_3$)$_2$), 1.25 (d, ^{3}J$_{HH}$ = 7.7 Hz, 18 H, CH(C**H$_3$**)$_2$)

^{13}C-NMR (C$_6$D$_6$): δ [ppm] = 23.2 (s, **C**H(CH$_3$)$_2$), 26.3 (s, CH(**C**H$_3$)$_2$)

4.3.8   Darstellung von Sn[N(SiMe$_3$)$_2$]$_2$

43.8 ml (0.21 mol, 2 Äq.) Hexamethyldisilazan werden in 100 ml Diethylether vorgelegt und unter Rühren bei 0°C 132 ml (0.21 mol, 2 Äq.) einer 1.6 M Lösung von *n*BuLi in Hexan langsam zugetropft. Etwa nach der Hälfte der Zugabe beginnt das LiN(SiMe$_3$)$_2$ als weißer Niederschlag auszufallen. Die erhaltene Suspension wird 1 h unter Rückfluss gerührt, wobei sich die Lösung leicht gelblich verfärbt und ein Großteil des Niederschlags in Lösung geht. Anschließend werden 20 g (0.105 mol, 1 Äq.) SnCl$_2$ in 150 ml Et$_2$O suspendiert und mit der LiN(SiMe$_3$)$_2$/Et$_2$O-Suspension versetzt. Nach vollständiger Zugabe entsteht eine rotbraune

Suspension, die 24 h bei Raumtemperatur gerührt wird. Danach wird die Suspension stark eingeengt und in *n*Pentan aufgenommen. Das dabei ausfallende LiCl wird abfiltriert und das Volumen des Filtrats reduziert. Der Rückstand wird bei 105°C im Vakuum bei 1×10^{-3} mbar destilliert. Es werden 29.33 g (66.7 mmol, Ausbeute 63.56%) des Produktes als orangerote Flüssigkeit erhalten.

^{1}H-NMR (C_6D_6): δ [ppm] = 0.40 (s, 36 H, CH_3)

^{13}C-NMR (C_6D_6): δ [ppm] = 5.55 (s, CH_3)

4.4   Darstellung von Erdalkalimetall-Derivaten des cyclischen Diphosphanyl-siloxans [O(Si*i*Pr$_2$)$_2$PH]$_2$

4.4.1   Darstellung von [P$_2${O(Si*i*Pr$_2$)$_2$}$_2$Ca(DME)$_2$] (1)

0.200 g (0.40 mmol) Ca[N(SiMe$_3$)$_2$] werden zusammen mit 0.220 g (0.40 mmol) [O(Si*i*Pr$_2$)$_2$PH]$_2$ in 10 ml DME gelöst und 5 min. bei Raumtemperatur gerührt. Nach 16 h kristallisieren farblose quadratische Plättchen von **1**. Ausbeute: 0.208 g (0.27 mmol, 67.6%).

^{1}H-NMR (THF-D$_8$): δ [ppm] = 0.74 (m, 4 H, CH(CH$_3$)$_2$), 1.06 (m, 52 H, *i*Pr), 3.20 (s, 12 H, DME), 3.35 (s, 8 H, DME)

^{13}C-NMR (THF-D$_8$): δ [ppm] = 18.7 (s, CH_3), 19.0 (d, $^3J_{PC}$ = 5.7 Hz, CH_3), 19.2 (d, $^3J_{PC}$ = 2.8 Hz, CH_3), 20.1 (d, $^3J_{PC}$ = 9.0 Hz, CH_3), 20.3 (s, CH), 21.99 (d, $^2J_{PC}$ = 26.2 Hz, CH), 57.9 (s, DME), 71.8 (s, DME)

^{29}Si[H]-NMR (THF-D$_8$): δ [ppm] = 18.3 (d, $^1J_{PSi}$ = 73.5 Hz)

^{31}P-NMR (THF-D$_8$): δ [ppm] = -283.0 (s)

Elementaranalyse [%] gef. (ber.): **C** 49.86 (49.83), **H** 9.38 (9.93)

4.4.2   Darstellung von [P₂{O(SiiPr₂)₂}₂Sr(DME)₂] (2)

0.200 g (0.36 mmol) Sr[N(SiMe₃)₂] werden zusammen mit 0.200g (0.36 mmol) [O(SiiPr₂)₂PH]₂ in 10 ml DME gelöst und 5 min. bei Raumtemperatur gerührt. Nach 16 h kristallisieren farblose quadratische Plättchen von **2**. Ausbeute 0.215 g (0.26 mmol, 72.2%).

^{1}H-NMR (THF-D₈): δ [ppm] = 0.81 (m, 4 H, C**H**(CH₃)₂), 1.19 (m, 52 H, *i*Pr), 3.31 (s, 12 H, DME), 3.46 (s, 8 H, DME)

^{13}C-NMR (THF-D₈): δ [ppm] = 16.9 (s, C**H**₃), 17.3 (d, $^{3}J_{PC}$ = 6.1 Hz, C**H**₃), 17.5 (d, $^{3}J_{PC}$ = 3.2 Hz, C**H**₃), 18.4 (d, $^{3}J_{PC}$ = 8.8 Hz, C**H**₃), 18.7 (s, C**H**), 20.2 (d, $^{2}J_{PC}$ = 26.3 Hz, C**H**), 56.2 (s, DME), 69.9 (s, DME)

^{29}Si[H]-NMR (THF-D₈): δ [ppm] = 18.2 (d, $^{1}J_{PSi}$ = 74.6 Hz)

^{31}P-NMR (THF-D₈): δ [ppm] = -280.7 (s)

Elementaranalyse [%] gef. (ber.): **C** 45.32 (46.94), **H** 9.84 (9.35)

4.4.3   Darstellung von [P₂{O(SiiPr₂)₂}₂Ba(DME)₂] (3)

0.240 g (0.40 mmol) Ba[N(SiMe₃)₂] werden zusammen mit 0.220g (0.40 mmol) [O(SiiPr₂)₂PH]₂ in 10 ml DME gelöst und 5 min bei Raumtemperatur gerührt. Nach 16 h kristallisieren farblose quadratische Plättchen von **3**. Ausbeute: 0.243 g (0.28 mmol, 71.3%)

^{1}H-NMR (THF-D₈): δ [ppm] = 0.83 (m, 4 H, C**H**(CH₃)₂), 1.19 (m, 52 H, *i*Pr), 3.31 (s, 12 H, DME), 3.47 (s, 8 H, DME)

^{13}C-NMR (THF-D₈): δ [ppm] = 18.8 (s, CH(C**H**₃)₂), 19.2 (d, $^{3}J_{PC}$ = 5.9 Hz, CH(C**H**₃)₂), 19.5 (d, $^{3}J_{PC}$ = 3.4 Hz, CH(C**H**₃)₂), 20.4 (d, $^{3}J_{PC}$ = 8.8 Hz, CH(C**H**₃)₂), 20.9 (s, C**H**(CH₃)₂), 21.9 (d, $^{2}J_{PC}$ = 26.2 Hz, C**H**(CH₃)₂), 58.0 (s, DME), 71.7 (s, DME)

^{29}Si[H]-NMR (THF-D₈): δ [ppm] = 17.9 (d, $^{1}J_{PSi}$ = 76.5 Hz)

^{31}P-NMR (THF-D₈): δ [ppm] = -260.7 (s)

Elementaranalyse [%] gef. (ber.): **C** .42.54 (44.25), **H** 7.95 (8.82)

4.5   Darstellung oxidierter Siloxadiphosphane

4.5.1   Darstellung von $P_2[O(SiiPr_2)_2]_2$ (4)

In 10 ml DME werden 0.350 g (0.63 mmol) $Sr[N(SiMe_3)_2]$ und 0.314 g (0.63 mmol) $[O(SiiPr_2)_2PH]_2$ gelöst und 10 h bei Raumtemperatur gerührt, wobei ein farbloses Pulver von **2** entsteht. Anschließend werden 1.5 Äq $C_2H_4Br_2$ (0.95 mmol, 0.08 ml) bei 0°C zugegeben und weitere 12 h gerührt. Das Lösungsmittel wird im Vakuum entfernt und der Rückstand mit 10 ml nPentan extrahiert. Nach Aufkonzentrieren der Lösung bilden sich nach zwei Tagen Lagerung bei -35°C farblose Stäbchen von **4**. Ausbeute: 0.288 g (0.52 mmol, 82.2 %)

^{1}H-NMR (C_6D_6): δ [ppm] = 1.21 (m, 24 H, iPr), 1.28 (m, 32 H, iPr)

^{13}C-NMR (C_6D_6): δ [ppm] = 17.9 (t, $^2J_{PC}$ = 5.4 Hz, **C**H(CH_3)_2), 18.1 (s, CH(**C**H_3)_2),

18.6 (s, CH(**C**H_3)_2)

^{29}Si[H]-NMR (C_6D_6): δ [ppm] = 29.9 (pseudo-t, $^1J_{PSi}$ = 29.5 Hz)

^{31}P-NMR (C_6D_6): δ [ppm] = -226.2 (s)

Elementaranalyse [%] gef. (ber.): **C** 52.58 (52.32), **H** 9.54 (10.24)

MS (EI, 70 eV): m/z (%): 549.9 (100) $[M]^+$, 506.8 (87) [M -iPr]$^+$, 464.8 (70) [M -2 iPr]$^+$, 422.8 (56) [M -3 iPr]$^+$, 380.8 (40) [M -4 iPr]$^+$

4.5.2   Darstellung von $(HPSiiPr_2)_2O$ (5)

Zu 7.17 g (12.97 mmol) $Sr[N(SiMe_3)_2]$ in 150 ml THF gelöst werden 4.48 ml (12.97 mmol) $O(SiiPr_2PH_2)_2$ gegeben und 16 h bei Raumtemperatur gerührt. Anschließend werden bei 0°C 1.68 ml (19.46 mmol, 1.5 Äq) $C_2H_4Br_2$ langsam zugetropft und weitere 10 h gerührt. Das Lösungsmittel wird im Vakuum entfernt und der verbleibende Rückstand mit 2 x 50 ml nPentan extrahiert. Aus den vereinigten Extrakten wird das Lösungsmittel abdestilliert und das verbleibende Öl durch Destillation im Vakuum bei 1 x 10^{-3} mbar und 70°C gereinigt. Ausbeute: 2.455g (7.96 mmol, 61.34 %)

^{1}H-NMR (C_6D_6): δ [ppm] = 1.03 (m, 28H, iPr), 1.26 (m, J_A = 175.7 Hz, J_X = 17.0 Hz, J = 191.1 Hz, J' = 21.0 Hz, 2 H, P**H**)

^{13}C-NMR (C$_6$D$_6$): δ [ppm] =15.3 (pseudo-t, J = 9.9 Hz, **C**H), 15.5 (s, CH), 17.5 (pseudo-t, J = 2.8 Hz, **C**H$_3$), 17.6 (pseudo-t, J = 1.9 Hz, **C**H$_3$), 17.7 (s, **C**H$_3$), 18.0 (s, **C**H$_3$)

^{29}Si[H]-NMR (C$_6$D$_6$): δ [ppm] = 36.9 (pseudo-t, ^{1}J$_{PSi}$ = 22.3 Hz)

^{31}P-NMR (C$_6$D$_6$): δ [ppm] = -228.3 (m, J$_A$ = 175.7 Hz, J$_X$ = 17.0 Hz, J = 191.1 Hz, J' = 21.0 Hz)

IR (KBr) [cm^{-1}]: 2947 (vs), 2892 (s), 2869 (vs), 2756 (w), 2725 (m), 2290 (s), 2098 (w), 1463 (vs), 1385 (s), 1365 (m), 1242 (m), 1162 (w), 1066 (vs), 1052 (vs), 992 (vs), 960 (vs), 919 (s), 883 (vs), 805 (w), 742 (s), 719 (s), 663 (s), 628 (vs), 574 (s), 513 (m), 497 (w), 464 (m), 417 (w)

4.5.3   Darstellung von [{P$_2$(Si*i*Pr$_2$)$_2$O}$_2${Sr(DME)$_2$}$_2$] (6)

0.280 g (0.51 mmol) Sr[N(SiMe$_3$)$_2$] werden in 5 ml DME gelöst und 0.16 ml (0.51 mmol) [O(Si*i*Pr$_2$)$_2$PH]$_2$ zugegeben. Die Lösung wird eingeengt und nach 3 Tagen Lagerung bei 0°C bilden sich orange rhombische Kristalle von **6**.

Elementaranalyse [%] gef. (ber.): **C** 40.95 (41.38), **H** 8.12 (8.42)

4.5.4   Darstellung von [{P$_2$(Si*i*Pr$_2$)$_2$O}$_2${Ba(DME)$_2$}$_2$] (7) (Mischverbindung mit [Ba(HPSi*i*Pr$_2$)$_2$O(DME)$_2$]$_2$)

0.210 g (0.35 mmol) Ba[N(SiMe$_3$)$_2$] werden in 5 ml DME gelöst und 0.10 ml (0.35 mmol) [O(S*ii*Pr$_2$)$_2$PH]$_2$ zugegeben. Die Lösung wird eingeengt und nach 3 Tagen Lagerung bei -35°C bilden sich blass gelbe rhombische Kristalle von **7**.

4.5.5   Darstellung von P$_4$[O(*i*Pr$_2$Si)$_2$]$_2$ (8)

0.400 g (0.67 mmol) Sr[N(SiMe$_3$)$_2$] werden in 10 ml THF gelöst, bei 0°C mit 0.200 g (0.67 mmol) (HPSi*i*Pr$_2$)$_2$O versetzt und 12 h bei Raumtemperatur gerührt. Danach werden 1.5 Äq. (0.06 ml, 1.00 mmol) C$_2$H$_4$Br$_2$ bei 0°C zugegeben, weitere 10 h bei Raumtemperatur gerührt und das Lösungsmittel im Vakuum entfernt. Das ausgefallene SrBr$_2$ wird mit 10 ml *n*Pentan extrahiert und das Volumen auf wenige Milliliter reduziert. Nach 10 Tagen Lagerung bei -35°C können farblose Stäbchen von **8** isoliert werden.

^{1}H-NMR (C$_6$D$_6$): δ [ppm] = 1.34 (d, ^{3}J$_{HH}$ = 7.5 Hz, 12 H, CH(C*H*$_3$)$_2$), 1.42 (d, ^{3}J$_{HH}$ = 7.5 Hz, 12 H, CH(C*H*$_3$)$_2$), 1.96 (sept, ^{3}J$_{HH}$ = 7.5 Hz, 4 H, C*H*(CH$_3$)$_2$)

^{13}C-NMR (C$_6$D$_6$): δ [ppm] = 15.4 (m, 8 C, *C*H(CH$_3$)$_2$), 18.1 (s, CH(*C*H$_3$)$_2$), 18.5 (s, CH(*C*H$_3$)$_2$)

^{29}Si[H]-NMR (C$_6$D$_6$): δ [ppm] = 34.6 (t, ^{1}J$_{PSi}$ = 38.7 Hz)

^{31}P-NMR (C$_6$D$_6$): δ [ppm] = -116.7 (s)

MS (EI, 70 eV): m/z (%): 612.3 (100) [M]$^+$, 569.2 (38) [M -*i*Pr]$^+$

Elementaranalyse [%] gef. (ber).: **C** 46.59 (47.03), **H** 9.21 (9.21)

4.6   Darstellung sekundärer Diphosphanylsiloxane

4.6.1   Darstellung von O(Si*i*Pr$_2$PHEt$_2$)$_2$ (9)

11.5 ml einer 1.6 M Lösung von *n*BuLi in Hexan werden bei -70°C zu in 50 ml Diethylether gelösten 2.72 g (8.78 mmol) O(Si*i*Pr$_2$PH$_2$)$_2$ gegeben und langsam auf Raumtemperatur erwärmt. Es werden zwei weitere Stunden gerührt und anschließend unter erneuter Kühlung auf -70°C 1.88 g (17,23 mmol, 2 Äq.) Ethylbromid zugegeben. Das Reaktionsgemisch wird 14 h bei Raumtemperatur gerührt, das Lösungsmittel unter vermindertem Druck entfernt und der Rückstand in *n*Pentan aufgenommen. Nach Abtrennen des LiBr wird die Lösung eingeengt und im dynamischen Vakuum bei 1 x 10^{-3} mbar und 115°C fraktioniert destilliert. Ausbeute: 2.51 ml (6.46 mmol, 73.6 %).

^{1}H-NMR (C$_6$D$_6$): δ [ppm] = 1.12 (m, 30 H, CH(C*H*$_3$)$_2$ & PCH$_2$C*H*$_3$), 1.30 (m, 4 H, SiC*H*), 1.85 (m, 4 H, PC*H*$_2$), 2.23 (d, m, ^{1}J$_{PH}$ = 190 Hz, 2 H, P*H*)

^{13}C-NMR (C$_6$D$_6$): δ [ppm] = 6.9 (d, ^{1}J$_{PC}$ = 9.5 Hz, *C*H$_2$), 15.8 (m, *C*H), 16.6 (d, ^{2}J$_{PC}$ = 13.3 Hz, *C*H$_3$), 17.72 (s, *C*H$_3$)

^{29}Si-NMR (C$_6$D$_6$): δ [ppm] = 16.1 (d, ^{1}J$_{PSi}$ = 27.4 Hz)

^{31}P-NMR: (C$_6$D$_6$): δ [ppm] = -158.4 (d, ^{1}J$_{PH}$ = 190 Hz)

MS (EI, 70 eV, 120°C) m/z (%) = 336.9 (12) [M -Et]$^+$, 308.9 (100) [M -2Et]$^+$, 264.9 (98) [M -2Et -iPr]$^+$, 222.8 (95) [M -2Et -2iPr]$^+$, 180.8 (73) [M -2Et -3iPr]$^+$

IR (KBr) [cm^{-1}]: 3160 (w), 2945 (vs), 2891 (s), 2868 (vs), 2757 (w), 2726 (m), 2279 (s), 1463 (vs), 1386 (s), 1365 (m), 1287 (w), 1239 (s), 1161 (m), 1079 (vs), 1051 (vs), 991 (s), 951 (m), 919 (m), 882 (vs), 842 (m), 802 (w), 739 (w), 674 (vs), 652(s), 620 (s), 516 (m), 502 (m), 462 (w), 442 (w), 421 (w).

4.6.2   Darstellung von O(C$_2$H$_4$PHSiiPr$_3$)$_2$ (10)

Zu 5.35 g (28.18 mmol) iPr$_3$SiPH$_2$, in 200 ml THF gelöst, werden unter Kühlung auf -70°C 20 ml (2.1 Äq.) einer 1.6 M Lösung nBuLi in Hexan gegeben und die gelbliche Lösung nach Erwärmen auf Raumtemperatur zwei weitere Stunden gerührt. Danach werden 1.80 ml (14.36 mmol) (BrC$_2$H$_4$)$_2$O bei -40°C hinzugefügt und 16 h bei Raumtemperatur gerührt. Nachdem das Lösungsmittel im Vakuum entfernt wurde, wird der verbleibende Rückstand zweimal mit je 100 ml nPentan extrahiert und vom ausgefallenen LiBr abgetrennt. Das Lösungsmittel der vereinigten Extrakte wird unter vermindertem Druck entfernt und das erhaltene gelbe Öl durch Destillation im Vakuum bei 1 x 10^{-3} mbar gereinigt.

^{1}H-NMR (C$_6$D$_6$): δ [ppm] = 1.06 (m, 42 H, iPr), 1.62 (m, 4 H, PCH_2), 2.18 (d, m, ^{1}J$_{PH}$ = 194 Hz, 2 H, PH), 2.22 (m, 4 H, PCH_2), 3.64 – 3.39 (m, 4 H, OCH_2)

^{13}C-NMR: δ [ppm] = 12.2 (d, ^{2}J$_{PC}$ = 7.8 Hz, CH), 14.6 (d, ^{1}J$_{PC}$ = 13.4 Hz, PCH_2), 18.9 (m, CH$_3$), 72.2 (d, ^{2}J$_{PC}$ = 19.4 Hz, OCH_2)

^{29}Si-NMR (C$_6$D$_6$): δ [ppm] = 15.3 (d, ^{1}J$_{PSi}$ = 32 Hz)

^{31}P-NMR (C$_6$D$_6$): δ [ppm] = -185.4 (d, ^{1}J$_{PH}$ = 194 Hz)

IR (KBr) [cm^{-1}]: 3449 (w), 3158 (w), 2937 (vs), 2861 (vs), 2725 (w), 2618 (w), 2559 (w), 2280 (s), 1463 (vs), 1411 (m), 1383 (s), 1367 (s), 1352 (m), 1276 (m), 1260 (m), 1234 (m), 1193 (m), 1179 (m), 1159 (m), 1093 (vs), 1069 (s), 1017 (s), 996 (s), 934 (m), 919 (s), 882 (vs), 842 (w), 804 (m), 664 (vs), 581 (s), 510 (s), 499 (m), 474 (m), 443 (w), 395 (w)

4.6.3   Darstellung von [O(SiiPr$_2$PEt)$_2${In(iPr$_2$)}$_2$] (11)

Es werden 0.354 g (0.97 mmol) O(SiiPr$_2$PEt)$_2$ in 10 ml nPentan gelöst und langsam 2 Äq. (0.34 ml, 1.93 mmol) iPr$_3$In zugetropft. Nach 14 h Rühren wird die Lösung eingeengt und bei Kühlung auf 0°C bilden sich nach zwei Tagen farblose Kristalle von **11**.

^{1}H-NMR (C$_6$D$_6$): δ [ppm] = 1.14 ppm (d, $^3J_{HH}$ = 7.2 Hz, SiCH(C**H**$_3$)$_2$, 12 H), 1.20 (m, 12 H, SiCH(C**H**$_3$)$_2$ & C**H**$_3$CH$_2$P), 1.34 (sept, $^3J_{HH}$ = 7.2 Hz, 4 H, SiC**H**), 1.51 (sept, $^3J_{HH}$ = 7.1 Hz, 2 H, InC**H**), 1.68 (d, $^3J_{HH}$ = 7.1 Hz, 12 H, InCH(C**H**$_3$)$_2$), 1.75 (d, $^3J_{HH}$ = 6.5 Hz, 12 H, InCH(C**H**$_3$)$_2$), 1.92 – 1.87 (m, PC**H**$_2$ & InC**H**, 6 H)

^{13}C-NMR (C$_6$D$_6$): δ [ppm] = 10.89 (t, **C**H$_2$, $^1J_{PC}$ = 8.5 Hz), 17.98 (s, **C**H$_3$), 18.43 (s, **C**H$_3$), 18.91 (s, **C**H$_3$), 20.62 (pseudo-t, $^3J_{PC}$ = 5.0 Hz, Si**C**H), 22.61 (m, In**C**H), 24.07 (s, **C**H$_3$), 24.84 (m, **C**H), 25.79 (pseudo-t, J_{PC} = 2.0 Hz, **C**H$_3$)

^{29}Si-NMR (C$_6$D$_6$) δ [ppm] = 13.33 (m)

^{31}P-NMR (C$_6$D$_6$): δ [ppm] = -151.2 (s)

4.6.4   Darstellung von [O(C$_2$H$_4$PSiiPr$_3$)$_2${In(iPr$_2$)}$_2$] (12)

0.243 mg (0.54 mmol) O(C$_2$H$_4$PSiiPr$_3$)$_2$ werden in 10 ml nPentan gelöst und langsam mit 2 Äq. (0.20 ml, 1.08 mmol) iPr$_3$In versetzt. Es bilden sich nach Einengen der Lösung und Kühlung auf 0°C nach 3 Tagen farblose Kristalle. Ausbeute 0.150 g (26.9 mmol, 40.98%)

^{1}H-NMR (C$_6$D$_6$): δ [ppm] = 1.29 (d, $^3J_{HH}$ = 5.0 Hz, 36 H, SiCH(C**H**$_3$)$_2$), 1.44 (m, 6 H, SiC**H**), 1.82 (d, $^3J_{HH}$ = 5.0 Hz, 24 H, InCH(C**H**$_3$)$_2$), 2.43 (m, 4 H, PC**H**$_2$), 3.62 (m, 4 H, OC**H**$_2$)

^{29}Si-NMR (C$_6$D$_6$) δ [ppm] = 21.14 (m)

^{31}P-NMR: (C$_6$D$_6$) δ [ppm] = -173.3 (s)

MS (EI, 70eV, 120°C) m/z (%) = 693.2 (30) [M-iPr$_3$Si]$^+$, 564.2 (100) [M-In-4iPr]$^+$, 448.3 (58) [iPr$_3$SiPCH$_2$OCH$_2$PSiiPr$_3$]$^+$, 291.2 (49) [PCH$_2$OCH$_2$PSiiPr$_3$]$^+$, 157.1 (100) [SiMe$_3$]$^+$, 114.8 (100) [In^{3+}]

4.7   Darstellung metallierter Phosphanide mit Elementen der Gruppe 13

4.7.1   Darstellung von [{(Si*i*Pr$_2$)$_2$O}$_2${*i*PrP(In*i*Pr$_2$)PIn*i*Pr}$_2$] (13)

0.10 ml (0.29 mmol (HPSi*i*Pr$_2$)$_2$O werden in 5 ml *n*Pentan gelöst und unter Kühlung auf 0°C mit 2 Äq. (0.58 mmol, 0.11 ml) *i*Pr$_3$In versetzt. Die Lösung wird 14 h bei Raumtemperatur gerührt und nach mehreren Wochen Lagerung bei -35°C werden farblose Kristalle von **13** erhalten.

4.7.2   Darstellung von [{P(Si*i*Pr$_2$)$_2$O}$_2${(*i*PrIn)$_4$(In*i*Pr$_2$)$_2$}Br$_2$] (14)

In 8 ml Benzol werden 0.255 g (0.50 mmol) Sr[N(SiMe$_3$)$_2$] gelöst und mit 0.15 ml (0.45 mmol, 0.9 Äq.) O(Si*i*P$_2$PH$_2$)$_2$ versetzt. Nachdem 16 h bei Raumtemperatur gerührt wurde, werden 1.5 Äq. (0.065 ml, 0.75 mmol) C$_2$H$_4$Br$_2$ zugegeben und weitere 14 h gerührt. Anschließend werden 0.09 ml (0.50 mmol) *i*Pr$_3$In bei Kühlung auf 0°C hinzugefügt und nach 16 h Rühren bei Raumtemperatur wird das Lösungsmittel entfernt. Der Rückstand wird mit 3 ml *n*Pentan extrahiert und bei 0°C werden nach 3 Tagen farblose Kristalle von **14** erhalten.

4.7.3   Darstellung von [P$_2${O(Si*i*Pr$_2$)$_2$}$_2${AlEt$_2$}$_4$] (15)

Zu einer Lösung von 0.13 ml (0.39 mmol) (HPSi*i*Pr$_2$)$_2$O in 5 ml *n*Pentan werden bei 0°C 2 Äq. (0.10 ml, 0.77 mmol) AlEt$_3$ zugesetzt und langsam auf Raumtemperatur erwärmt. Nach Einengen und 3 Tagen Lagerung der Lösung bei 0°C bilden sich farblose stäbchenförmige Kristalle von **15**.

^{31}P-NMR (C$_6$D$_6$): δ [ppm] = -199.2 (s)

MS (EI,70 eV): m/z (%): 809.7 (7) [M -AlEt$_4$]$^+$, 85.1 (100) [AlEt$_2$]$^+$

4.7.4   Darstellung von [P$_2$\{O(Si*i*Pr$_2$)$_2$\}$_2$\{GaEt$_2$\}$_4$] (16)

Zu einer Lösung von 0.120 g (0.39 mmol) (HPSi*i*Pr$_2$)$_2$O in 5 ml *n*Pentan werden bei -20°C 2 Äq. (0.11 ml, 0.77 mmol) GaEt$_3$ zugesetzt, langsam auf Raumtemperatur erwärmt und weitere 2 h gerührt. Nach fünf Tagen Lagerung der Lösung bei -35°C bilden sich farblose stäbchenförmige Kristalle von **16**.

^{31}P-NMR (Toluol-D$_8$) -80°C: δ [ppm] = -186.0 (s)

MS (EI,70 eV): m/z (%): 937.2 (29) [M -GaEt$_4$]$^+$, 127.0 (100) [GaEt$_2$]$^+$

4.8   Darstellung hybrider Käfigverbindungen

4.8.1   Darstellung von [P$_2$\{O(Si*i*Pr$_2$)$_2$\}$_2$\{O(C$_2$H$_4$)$_2$\}]$_2$ (17)

In 10 ml THF werden 0.355 g (0.64 mmol) [O(Si*i*Pr$_2$)$_2$PH]$_2$ gelöst und bei -70°C 2.1 Äq. (0.42 ml) einer 1.6 M *n*BuLi Lösung in Hexan zugegeben. Das Reaktionsgemisch wird auf Raumtemperatur erwärmt und zwei weitere Stunden gerührt. Danach werden zusätzliche 25 ml THF und 0.06 ml (0.64 mmol) O(C$_2$H$_4$I)$_2$ zugegeben und weitere 12 h gerührt. Der ausgefallene weiße Niederschlag kann durch starkes Erhitzen des Reaktionsgemisches in Lösung gebracht werden und man erhält durch langsames Abkühlen farblose rhomboedrische Kristalle von **17**.

Elementaranalyse [%] gef. (ber.): **C** 53.59 (53.97), **H** 10.10 (10.35)

4.8.2   Darstellung von [\{O(Si*i*Pr$_2$)$_2$P\}$_4$\{O$_2$(C$_2$H$_4$)$_3$\}$_2$] · Li$_2$I$_2$ (18)

Zu einer Lösung aus 0.985 g (1.78 mmol) [O(Si*i*Pr$_2$)$_2$PH]$_2$ in 50 ml THF werden bei -70°C 2.1 Äq. einer 1.6 M *n*BuLi Lösung in Hexan gegeben und auf Raumtemperatur erwärmt. Nach 2 h Rühren werden 0.33 ml (1.78 mmol) C$_2$H$_4$(OC$_2$H$_4$I)$_2$ zugesetzt und weitere 16 h gerührt. Anschließend wird das Lösungsmittel unter vermindertem Druck entfernt und der verbleibende Rückstand in 10 ml Toluol aufgenommen. Durch Aufkonzentrieren der Lösung erhält man nach zwei Tagen farblose Kristalle von **18**. Ausbeute: 0.423 g (0.264 mmol, 29.6%).

^{1}H-NMR (C_6D_6): δ [ppm] = 1.33 (m, 56 H, *i*Pr), 1.39 (d, $^2J_{HH}$ = 7.5 Hz, 24 H, C**H**$_3$), 1.47 (d, $^2J_{HH}$ = 7.5 Hz, 24 H, C**H**$_3$), 1.85 (sept, $^2J_{HH}$ = 7.5 Hz, 8 H, C**H**), 2.55 (m, 8 H, PC**H**$_2$), 2.91 (s, 8 H, OC**H**$_2$), 3.65 (m, 8 H, OC**H**$_2$)

^{7}Li-NMR (C_6D_6): δ [ppm] = 0.99 (s)

^{13}C-NMR (C_6D_6): δ [ppm] = 12.01 (d, $^1J_{PC}$ = 10.3 Hz, **C**H$_2$), 17.5 (d, $^2J_{PC}$ = 13.3 Hz, Si**C**H), 18.3 (d, $^3J_{PC}$ = 4.2 Hz, CH(**C**H$_3$)$_2$), 18.5 (d, $^3J_{PC}$ = 3.1 Hz, CH(**C**H$_3$)$_2$), 19.1 (d, $^2J_{PC}$ = 19.3 Hz, Si**C**H), 19.3 (d, $^3J_{PC}$ = 8.7 Hz, CH(**C**H$_3$)$_2$), 20.1 (d, $^3J_{PC}$ = 7.5 Hz, CH(**C**H$_3$)$_2$), 69.0 (s, O**C**H$_2$), 76.2 (d, $^2J_{PC}$ = 51.8 Hz, O**C**H$_2$)

^{29}Si[H]-NMR (C_6D_6): δ [ppm] = 11.9 (d, $^1J_{PSi}$ = 37.9 Hz)

^{31}P-NMR (C_6D_6): δ [ppm] = -189.3 (s)

Elementaranalyse [%] gef. (ber.): **C** 46.89 (47.56), **H** 8.06 (8.46)

4.8.3   Darstellung von [{O(Si*i*Pr$_2$)$_2$P}$_4${O$_2$(C$_2$H$_4$)$_3$}$_2$] · Ag$_2$I$_2$ (19)

In 5 ml Toluol werden 0.060 g (0.04 mmol) [{O(Si*i*Pr$_2$)$_2$P}$_4${O$_2$(C$_2$H$_4$)$_3$}$_2$] · Li$_2$I$_2$ gelöst und im großen Überschuss 0.020 g AgF (4 Äq., 0.16 mmol) zugegeben. Das Gemisch wird im Dunklen 14 h an Raumtemperatur gerührt und der ausgefallene schwarze Niederschlag abgetrennt. Beim Einengen der Lösung fällt ein farbloses Pulver aus, das durch Erhitzen wieder in Lösung gebracht werden kann und durch langsames Abkühlen farblose stabförmige Kristalle von **19** bildet.

^{1}H-NMR (C_6D_6): δ [ppm] = 1.07 (d, $^2J_{HH}$ = 7.4 Hz, 24 H, C**H**$_3$), 1.20 (d, $^2J_{HH}$ = 7.4 Hz, 24 H, C**H**$_3$), 1.34 (d, $^2J_{HH}$ = 7.4 Hz, 24 H, C**H**$_3$), 1.37 (d, $^2J_{HH}$ = 7.4 Hz, 24 H, C**H**$_3$), 1.46 (sept, $^2J_{HH}$ = 7.4 Hz, 8 H, C**H**), 1.93 (sept, $^2J_{HH}$ = 7.4 Hz, 8 H, C**H**), 2.39 (m, 8 H, PC**H**$_2$), 3.93 (s, 8 H, OC**H**$_2$), 4.56 (m, 8 H, OC**H**$_2$)

^{29}Si[H]-NMR (C_6D_6): δ [ppm] = 11.5 (s)

^{31}P[H]-NMR (C_6D_6): δ [ppm] = -175.2 (d, $^1J_{AgP}$ = 199.3 Hz)

Elementaranalyse [%] gef. (ber.): **C** 42.49 (42.44), **H** 7.31 (7.66)

4.8.4   Darstellung von $[P_2\{O(SiiPr_2)_2\}_2\{O_2(C_2H_4)_3\}]_2 \cdot Li_4I_4$ (20)

0.340 g (6.61 mmol) $[O(SiiPr_2)_2PH]_2$ werden in 15 ml THF gelöst, bei -70°C mit 2.1 Äq. (0.80 ml) einer 1.6 M Lösung von nBuLi in Hexan versetzt, auf Raumtemperatur erwärmt und 2 h gerührt. Anschließend werden 0.11 ml (0.61 mmol) $C_2H_4(OC_2H_4I)_2$ bei 0°C hinzugegeben und weitere 14 h bei Raumtemperatur gerührt. Das Lösungsmittel wird im Vakuum entfernt und der verbleibende Rückstand mit 25 ml heißem Heptan extrahiert. Beim Aufkonzentrieren der Lösung fällt ein farbloses Pulver aus, welches in heißem Toluol gelöst wird und nach langsamem Abkühlen können farblose Kristalle von **20** isoliert werden.

Elementaranalyse [%] gef. (ber.): **C** 39.1 (38.5), **H** 7.32 (7.33)

5   Kristallstrukturanalysen

5.1 Allgemeines

Die Röntgenbeugungsmessungen zu den im Rahmen dieser Arbeit durchgeführten Einkristallstrukturanalysen wurden auf einem Flächendetektor vom Typ *Stoe IPDS II* ermittelt. Als Strahlungsquelle diente eine Röntgenröhre mit Mo-Anode (Wellenlänge der Mo-K$_\alpha$-Strahlung λ = 71.073 pm) und nachgeschaltetem Graphitmonochromator. Die Kristalle wurden mit wenig Perfluoretheröl an einem Glasfaden auf dem Goniometerkopf befestigt.

Die nachfolgende Kristallstrukturanalyse lässt sich in folgende Punkte gliedern:

I.   Ermittlung der Orientierungsmatrix und Gitterkonstanten anhand der Orientierungsparameter von 500 – 1500 Reflexen im gesamten Messbereich aus mehreren Aufnahmen.

II.   Bestimmung der Reflexintensitäten durch Anpassen der Integrationsbedingungen an das gemittelte Reflexprofil und anschließendes Auslesen aller Aufnahmen.

III.   Datenreduktion durch Anwendung einer Lorentz- und Polarisationskorrektur zum Umrechnen der Reflexintensitäten.

IV.   Strukturbestimmung und -verfeinerung mithilfe des Programmsystems SHELXS-97[76] und SHELXL-97[77] unter Microsoft Windows.

   Die Kristallstrukturen wurden mittels direkter Methoden und anschließender Differenz-Fourier-Synthese gelöst. Atomparameter wurden durch Verfeinerung nach der Methode der kleinsten Fehlerquadrate gegen F_0^2 für die gesamte Matrix optimiert.

Die ermittelten Gütewerte R_1 und wR_2 ergeben sich nach:

$$R_1 = \frac{\sum_{hkl}||F_0|-|F_c||}{\sum_{hkl}|F_0|} \qquad wR_2 = \sqrt{\frac{\sum_{hkl}w\left(F_0^2-F_c^2\right)^2}{\sum_{hkl}w(F_0^2)^2}}$$

Soweit nicht anders angegeben, wurden alle Nichtwasserstoffatome anisotrop verfeinert. Wasserstoffatome wurden für ihre idealisierten Lagen berechnet.

In vorhergehenden Kapiteln gezeigte Abbildungen der Molekülstrukturen wurden mit dem Programm Diamond 3[40] erstellt. Wasserstoffatome wurden aus Gründen der Übersichtlichkeit nicht dargestellt.

5.2 Kristallstrukturdaten

5.2.1 [P$_2${O(SiiPr$_2$)$_2$}$_2$Ca(DME)$_2$] (1)

Verbindung **1** kristallisiert aus DME in Form von farblosen Plättchen.

Formel	$C_{32}H_{76}O_6P_2Si_4Ca$
Molekulargewicht [g/mol]	770.30
Kristallsystem	Orthorhombisch
Raumgruppe	$Pca2_1$
Formeleinheiten pro Elementarzelle	8
Messtemperatur [K]	190
Zelldimensionen a, b, c [pm] α, β, γ [°] V [10^6 pm^3]	a = 2596.0(5) b = 1483.2(3) c = 2349.7(5) α = β = γ = 90.0 V = 9047(3)
Röntgenographische Dichte [g/cm^3]	1.131
Absorptionskoeffizient [mm^{-1}]	0.350
Messbereich 2 Θ [°]	2.74 – 45.4
Zahl der Reflexe	29947
Unabhängige Reflexe	11840 (R_{int} = 0.0996)
Verfeinerte Parameter	811
R_1 (beobachtete Reflexe)	0.0614
wR_2 (alle Reflexe)	0.1401
Restelektronendichte (max/min)	0.303/-0.303

5.2.2   [$P_2\{O(Si{\it i}Pr_2)_2\}_2Sr(DME)_2$] (2)

Verbindung **2** kristallisiert aus DME in Form von farblosen Plättchen.

Formel	$C_{32}H_{76}O_6P_2Si_4Sr$
Molekulargewicht [g/mol]	818.85
Kristallsystem	Orthorhombisch
Raumgruppe	$Pca2_1$
Formeleinheiten pro Elementarzelle	8
Messtemperatur [K]	180
Zelldimensionen a, b, c [pm] α, β, γ [°] V [10^6 pm^3]	a = 2600.4(5) b = 1487.1(3) c = 2361.6(5) α = β = γ = 90.0 V = 9133(3)
Röntgenographische Dichte [g/cm^3]	1.191
Absorptionskoeffizient [mm^{-1}]	1.390
Messbereich 2 Θ [°]	2.74 – 49.16
Zahl der Reflexe	17434
Unabhängige Reflexe	11234 (R_{int} = 0.0597)
Verfeinerte Parameter	811
R_1 (beobachtete Reflexe)	0.0530
wR_2 (alle Reflexe)	0.1213
Restelektronendichte (max/min)	0.396/-0.333

5.2.3 $[P_2\{O(Si\mathit{i}Pr_2)_2\}_2Ba(DME)_2]$ (3)

Verbindung **3** kristallisiert aus DME in Form von farblosen Plättchen.

Formel	$C_{32}H_{76}O_6P_2Si_4Ba$
Molekulargewicht [g/mol]	868.57
Kristallsystem	Monoklin
Raumgruppe	$P2_1/n$
Formeleinheiten pro Elementarzelle	4
Messtemperatur [K]	190
Zelldimensionen a, b, c [pm] α, β, γ [°] V [10^6 pm^3]	a = 1172.5(2) b = 2031.1(4) c = 1868.4(4) $\alpha = \gamma = 90$, $\beta = 92.14(3)$ V = 4446.3(15)
Röntgenographische Dichte [g/cm^3]	1.298
Absorptionskoeffizient [mm^{-1}]	1.108
Messbereich 2 Θ [°]	2.96 – 51.32
Zahl der Reflexe	30406
Unabhängige Reflexe	8223 (R_{int} = 0.0269)
Verfeinerte Parameter	406
R_1 (beobachtete Reflexe)	0.0251
wR_2 (alle Reflexe)	0.0960
Restelektronendichte (max/min)	0.492/-0.419

5.2.4 $P_2[O(Si{\it i}Pr_2)_2]_2$ (4)

Verbindung **4** kristallisiert aus *n*Pentan in Form von farblosen Stäbchen.

Formel	$C_{24}H_{56}O_2P_2Si_2$
Molekulargewicht [g/mol]	550.99
Kristallsystem	Monoklin
Raumgruppe	$C2/c$
Formeleinheiten pro Elementarzelle	4
Messtemperatur [K]	190
Zelldimensionen a, b, c [pm] α, β, γ [°] V [10^6 pm^3]	a = 2083.0(4) b = 815.78(16) c = 1983.4(8) α = γ = 90.0, β = 104.20(3) V = 3267.4(11)
Röntgenographische Dichte [g/cm^3]	1.120
Absorptionskoeffizient [mm^{-1}]	0.298
Messbereich 2 Θ [°]	4.24 – 51.18
Zahl der Reflexe	9454
Unabhängige Reflexe	3038 (R_{int} = 0.0331)
Verfeinerte Parameter	257
R_1 (beobachtete Reflexe)	0.0276
wR_2 (alle Reflexe)	0.0978
Restelektronendichte (max/min)	0.255/-0.210

5.2.5   [{P$_2$(SiiPr$_2$)$_2$O}$_2${Sr(DME)$_2$}$_2$] (6)

Verbindung **6** kristallisiert aus DME in Form von orangen Rhomboedern.

Formel	$C_{40}H_{96}O_{10}P_4Si_4Sr_2$
Molekulargewicht [g/mol]	1148.65
Kristallsystem	Monoklin
Raumgruppe	$P2_1/n$
Formeleinheiten pro Elementarzelle	2
Messtemperatur [K]	190
Zelldimensionen a, b, c [pm] α, β, γ [°] V [10^6 pm^3]	a = 1285.2(3) b = 1383.8(3) c = 1722.6(3) α = γ = 90.0, β = 101.62(3) V = 3000.6(10)
Röntgenographische Dichte [g/cm^3]	1.271
Absorptionskoeffizient [mm^{-1}]	2.008
Messbereich 2 Θ [°]	3.62 − 51.34
Zahl der Reflexe	20614
Unabhängige Reflexe	5618 (R_{int} = 0.0632)
Verfeinerte Parameter	271
R_1 (beobachtete Reflexe)	0.0383
wR_2 (alle Reflexe)	0.0629
Restelektronendichte (max/min)	0.550/-0.502

5.2.6   [{P_2(SiiPr$_2$)$_2$O}$_2${Ba(DME)$_2$}$_2$] (7)

Verbindung **7** kristallisiert aus DME in Form von blass gelben Rhomboedern. Die hohe Restelektronendichte befindet sich im Abstand von 118 pm um Ba(1). Es handelt sich hierbei um eine Mischverbindung, da ca. 50% der Phosphoratome als Fehlordnung verfeinert wurden, welche noch ein H-Atom besitzen.

Formel	$C_{40}H_{96}O_{10}P_4Si_4Ba_2$
Molekulargewicht [g/mol]	1248.09
Kristallsystem	Monoklin
Raumgruppe	$P2_1/n$
Formeleinheiten pro Elementarzelle	2
Messtemperatur [K]	190
Zelldimensionen a, b, c [pm] α, β, γ [°] V [10^6 pm^3]	a = 1297.9(3) b = 1388.0(3) c = 1763.3(4) α = γ = 90.0, β = 102.29(3) V = 3103.8(11)
Röntgenographische Dichte [g/cm^3]	1.335
Absorptionskoeffizient [mm^{-1}]	1.484
Messbereich 2 Θ [°]	5.26 − 58.36
Zahl der Reflexe	27586
Unabhängige Reflexe	8295 (R_{int} = 0.0947)
Verfeinerte Parameter	289
R_1 (beobachtete Reflexe)	0.0678
wR_2 (alle Reflexe)	0.1111
Restelektronendichte (max/min)	1.539/-2.612

5.2.7 $P_4[O(iPr_2Si)_2]_2$ (8)

Verbindung **8** kristallisiert aus *n*Pentan in Form von farblosen Kristallen.

Formel	$C_{24}H_{56}O_2P_4Si_4$
Molekulargewicht [g/mol]	612.93
Kristallsystem	Monoklin
Raumgruppe	$P2_1/n$
Formeleinheiten pro Elementarzelle	4
Messtemperatur [K]	190
Zelldimensionen a, b, c [pm] α, β, γ [°] V [10^6 pm^3]	a = 1197.8(2) b = 1411.7(3) c = 2193.3(4) $\alpha = \gamma = 90.0$, $\beta = 103.84(3)$ V = 3601.9(12)
Röntgenographische Dichte [g/cm^3]	1.131
Absorptionskoeffizient [mm^{-1}]	0.362
Messbereich 2 Θ [°]	3.46 − 49.26
Zahl der Reflexe	16007
Unabhängige Reflexe	6000 (R_{int} = 0.0471)
Verfeinerte Parameter	313
R_1 (beobachtete Reflexe)	0.0938
wR_2 (alle Reflexe)	0.1260
Restelektronendichte (max/min)	0.996/-0.510

5.2.8   [O(SiiPr$_2$PEt)$_2$\{In(iPr$_2$)\}$_2$] (11)

Verbindung **11** kristallisiert aus nPentan in Form von farblosen Stäbchen.

Formel	$C_{28}H_{66}OIn_2P_2Si_2$
Molekulargewicht [g/mol]	766.57
Kristallsystem	Monoklin
Raumgruppe	$P2_1/c$
Formeleinheiten pro Elementarzelle	4
Messtemperatur [K]	180
Zelldimensionen a, b, c [pm] α, β, γ [°] V [10^6 pm^3]	a = 11.47.5(2) b = 1621.7(3) c = 2135.1(4) α = γ = 90.0, β = 98.83(3) V = 3926.2(14)
Röntgenographische Dichte [g/cm^3]	1.297
Absorptionskoeffizient [mm^{-1}]	1.334
Messbereich 2 Θ [°]	3.16 – 51.40
Zahl der Reflexe	26671
Unabhängige Reflexe	7374 (R_{int} = 0.0968)
Verfeinerte Parameter	318
R_1 (beobachtete Reflexe)	0.0383
wR_2 (alle Reflexe)	0.1000
Restelektronendichte (max/min)	0.757/-1.069

5.2.9   [O(C$_2$H$_4$PSiiPr$_3$)$_2${In(iPr$_2$)}$_2$] (12)

Verbindung **12** kristallisiert aus nPentan in Form von farblosen Kristallen.

Formel	C$_{34}$H$_{78}$OIn$_2$P$_2$Si$_2$
Molekulargewicht [g/mol]	850.72
Kristallsystem	Monoklin
Raumgruppe	$P2_1/n$
Formeleinheiten pro Elementarzelle	4
Messtemperatur [K]	180
Zelldimensionen a, b, c [pm] α, β, γ [°] V [10^6 pm^3]	a = 1175.1(2) b = 2315.6(5) c = 1584.9(3) α = γ = 90.0, β = 99.58(3) V = 4252.6(15)
Röntgenographische Dichte [g/cm^3]	1.329
Absorptionskoeffizient [mm^{-1}]	1.239
Messbereich 2 Θ [°]	3.14 – 51.36
Zahl der Reflexe	17059
Unabhängige Reflexe	7605 (R_{int} = 0.0196)
Verfeinerte Parameter	370
R_1 (beobachtete Reflexe)	0.0192
wR_2 (alle Reflexe)	0.0470
Restelektronendichte (max/min)	0.478/-0.324

5.2.10   [{(SiiPr$_2$)$_2$O}$_2${iPrP(IniPr$_2$)PIniPr}$_2$] (13)

Verbindung **13** kristallisiert aus nPentan in Form von farblosen Stäbchen mit einem Lösungsmittelmolekül pro Elementarzelle.

Formel	$C_{53}H_{112}O_2In_4P_4Si_4$
Molekulargewicht [g/mol]	1476.95
Kristallsystem	Monoklin
Raumgruppe	$P2_1/c$
Formeleinheiten pro Elementarzelle	4
Messtemperatur [K]	180
Zelldimensionen a, b, c [pm] α, β, γ [°] V [10^6 pm^3]	a = 1617.6(3) b = 1973.0(4) c = 2337.7(5) α = γ = 90.0, β = 106.22(3) V = 7164(2)
Röntgenographische Dichte [g/cm^3]	1.369
Absorptionskoeffizient [mm^{-1}]	1.460
Messbereich 2 Θ [°]	2.74 − 51.38
Zahl der Reflexe	26977
Unabhängige Reflexe	12663 (R_{int} = 0.0269)
Verfeinerte Parameter	606
R_1 (beobachtete Reflexe)	0.0334
wR_2 (alle Reflexe)	0.0452
Restelektronendichte (max/min)	0.633/-0.560

5.2.11   [{P(SiiPr$_2$)$_2$O}$_2${(iPrIn)$_4$(IniPr$_2$)$_2$}Br$_2$] (14)

Verbindung **14** kristallisiert aus nPentan in Form von farblosen Kristallen.

Formel	$C_{48}H_{104}O_2Br_2P_4Si_4$
Molekulargewicht [g/mol]	1798.29
Kristallsystem	Triklin
Raumgruppe	$P\bar{1}$
Formeleinheiten pro Elementarzelle	1
Messtemperatur [K]	190
Zelldimensionen a, b, c [pm] α, β, γ [°] V [10^6 pm^3]	a = 1091.5(2) b = 1276.9(3) c = 1467.2(3) α = 109.06(3), β = 101.70(3), γ = 100.3(3) V = 1825.1(6)
Röntgenographische Dichte [g/cm^3]	1.636
Absorptionskoeffizient [mm^{-1}]	3.142
Messbereich 2 Θ [°]	3.50 – 45.28
Zahl der Reflexe	2637
Unabhängige Reflexe	2338 (R_{int} = 0.0322)
Verfeinerte Parameter	296
R_1 (beobachtete Reflexe)	0.0437
wR_2 (alle Reflexe)	0.1157
Restelektronendichte (max/min)	0.652/-0.439

5.2.12   [P$_2${O(SiiPr$_2$)$_2$}$_2${AlEt$_2$}$_4$] (15)

Verbindung **15** kristallisiert aus nPentan in Form von farblosen Nadeln.

Formel	$C_{40}H_{96}O_2Al_4P_4Si_4$
Molekulargewicht [g/mol]	953.33
Kristallsystem	Monoklin
Raumgruppe	$P2_1/n$
Formeleinheiten pro Elementarzelle	4
Messtemperatur [K]	180
Zelldimensionen a, b, c [pm] α, β, γ [°] V [10^6 pm^3]	a = 1224.8(2) b = 3782.3(8) c = 1305.2(3) α = γ = 90.0, β = 109.92(3) V = 5685(2)
Röntgenographische Dichte [g/cm^3]	1.114
Absorptionskoeffizient [mm^{-1}]	0.308
Messbereich 2 Θ [°]	3.48 − 51.32
Zahl der Reflexe	37054
Unabhängige Reflexe	10606 (R_{int} = 0.0483)
Verfeinerte Parameter	487
R_1 (beobachtete Reflexe)	0.0549
wR_2 (alle Reflexe)	0.1615
Restelektronendichte (max/min)	0.994/-0.747

5.2.13   [P$_2${O(SiiPr$_2$)$_2$}$_2${GaEt$_2$}$_4$] (16)

Verbindung **16** kristallisiert aus nPentan in Form von farblosen Stäbchen.

Formel	C$_{40}$H$_{96}$O$_2$Ga$_4$P$_4$Si$_4$
Molekulargewicht [g/mol]	1124.29
Kristallsystem	Monoklin
Raumgruppe	$P2_1/n$
Formeleinheiten pro Elementarzelle	4
Messtemperatur [K]	190
Zelldimensionen a, b, c [pm] α, β, γ [°] V [10^6 pm^3]	a = 1222.3(2) b = 3766.2(8) c = 1305.4(3) α = γ = 90.0, β = 109.88(3) V = 5651.4(19)
Röntgenographische Dichte [g/cm^3]	1.321
Absorptionskoeffizient [mm^{-1}]	2.114
Messbereich 2 Θ [°]	3.48 – 51.30
Zahl der Reflexe	22506
Unabhängige Reflexe	8390 (R_{int} = 0.0618)
Verfeinerte Parameter	487
R_1 (beobachtete Reflexe)	0.0531
wR_2 (alle Reflexe)	0.1541
Restelektronendichte (max/min)	1.467/-1.012

5.2.14 $[P_2\{O(Si\mathit{i}Pr_2)_2\}_2\{O(C_2H_4)_2\}]_2$ (17)

Verbindung **17** kristallisiert aus THF in Form von farblosen Rhomboedern.

Formel	$C_{56}H_{128}O_6P_4Si_8$
Molekulargewicht [g/mol]	1246.18
Kristallsystem	Monoklin
Raumgruppe	$P2_1/n$
Formeleinheiten pro Elementarzelle	2
Messtemperatur [K]	190
Zelldimensionen a, b, c [pm] α, β, γ [°] V [10^6 pm^3]	a = 1262.0(3) b = 1779.4(4) c = 1661.9(3) $\alpha = \gamma = 90.0$, $\beta = 94.28(3)$ V = 3721.6(13)
Röntgenographische Dichte [g/cm^3]	1.112
Absorptionskoeffizient [mm^{-1}]	0.271
Messbereich 2 Θ [°]	3.36 − 53.48
Zahl der Reflexe	22322
Unabhängige Reflexe	7844 (R_{int} = 0.0250)
Verfeinerte Parameter	334
R_1 (beobachtete Reflexe)	0.0505
wR_2 (alle Reflexe)	0.1307
Restelektronendichte (max/min)	0.992/-0.876

5.2.15   [{O(SiiPr$_2$)$_2$P}$_4${O$_2$(C$_2$H$_4$)$_3$}$_2$] · Li$_2$I$_2$ (18)

Verbindung **18** kristallisiert aus Toluol in Form von farblosen Kristallen mit einem Lösungsmittelmolekül pro Elementarzelle.

Formel	C$_{67}$H$_{144}$O$_8$I$_2$Li$_2$P$_4$Si$_8$
Molekulargewicht [g/mol]	1685.03
Kristallsystem	Monoklin
Raumgruppe	$P2_1$
Formeleinheiten pro Elementarzelle	4
Messtemperatur [K]	190
Zelldimensionen a, b, c [pm] α, β, γ [°] V [10^6 pm^3]	a = 1138.1(2) b = 2172.8(4) c = 1910.1(4) α = γ = 90.0, β = 92.62(3) V = 4718.7(16)
Röntgenographische Dichte [g/cm^3]	1.127
Absorptionskoeffizient [mm^{-1}]	0.877
Messbereich 2 Θ [°]	2.84 − 51.30
Zahl der Reflexe	26049
Unabhängige Reflexe	16524 (R_{int} = 0.0489)
Verfeinerte Parameter	822
R_1 (beobachtete Reflexe)	0.0499
wR_2 (alle Reflexe)	0.1036
Restelektronendichte (max/min)	0.383/-0.400

5.2.16   [{O(Si*i*Pr$_2$)$_2$P}$_4${O$_2$(C$_2$H$_4$)$_3$}$_2$] · Ag$_2$I$_2$ (19)

Verbindung **19** kristallisiert aus Toluol in Form von farblosen Kristallen mit drei Lösungsmittelmolekülen pro Elementarzelle von denen eines auf dem Inversionszentrum liegt und daher nicht vollständig mitverfeinert wurde.

Formel	C$_{66}$H$_{136}$Ag$_2$I$_2$O$_8$P$_4$Si$_8$
Molekulargewicht [g/mol]	1872.88
Kristallsystem	Monoklin
Raumgruppe	$P2_1/c$
Formeleinheiten pro Elementarzelle	12
Messtemperatur [K]	180
Zelldimensionen a, b, c [pm] α, β, γ [°] V [10^6 pm^3]	a = 2886.5(6) b = 4021.3(8) c = 2326.8(5) α = γ = 90.0; β = 91.89(3) V = 26999(9)
Röntgenographische Dichte [g/cm^3]	1.383
Absorptionskoeffizient [mm^{-1}]	1.343
Messbereich 2 Θ [°]	2.02 – 45.38
Zahl der Reflexe	127034
Unabhängige Reflexe	36006 (R_{int} = 0.0796)
Verfeinerte Parameter	2341
R_1 (beobachtete Reflexe)	0.0589
wR_2 (alle Reflexe)	0.1135
Restelektronendichte (max/min)	1.863/-0.561

5.2.17   [P$_2${O(SiiPr$_2$)$_2$}$_2${O$_2$(C$_2$H$_4$)$_3$}]$_2$ · Li$_4$I$_4$ (20)

Verbindung **20** kristallisiert aus Toluol in Form von farblosen Kristallen mit einem Lösungsmittelmolekül pro Elementarzelle.

Formel	C$_{67}$H$_{144}$O$_8$I$_4$Li$_4$P$_4$Si$_8$
Molekulargewicht [g/mol]	1961.78
Kristallsystem	Monoklin
Raumgruppe	*P*2$_1$/*n*
Formeleinheiten pro Elementarzelle	4
Messtemperatur [K]	180
Zelldimensionen a, b, c [pm] α, β, γ [°] V [10^6 pm^3]	a = 2351.4(5) b = 1756.1(4) c = 2596.7(5) α = γ = 90.0, β = 115.88(3) V = 9647(3)
Röntgenographische Dichte [g/cm^3]	1.351
Absorptionskoeffizient [mm^{-1}]	1.500
Messbereich 2 Θ [°]	2.90 – 51.26
Zahl der Reflexe	33225
Unabhängige Reflexe	16062 (R_{int} = 0.0426)
Verfeinerte Parameter	856
R_1 (beobachtete Reflexe)	0.0433
wR_2 (alle Reflexe)	0.0961
Restelektronendichte (max/min)	0.569/-0.604

6   Zusammenfassung

Aufbauend auf bereits bekannten dimeren Erdalkaliverbindungen des primären Diphosphanylsiloxans $O(SiiPr_2PH_2)_2$ konnten im Rahmen des ersten Teils dieser Arbeit erstmals entsprechende Erdalkalimetall-Derivate des cyclischen Diphosphanylsiloxans $[O(SiiPr_2)_2PH]_2$ synthetisiert und charakterisiert werden. Diese Verbindungen weisen monomere Molekülstrukturen der Zusammensetzung $[\{O(SiiPr_2)_2P\}_2M(DME)_2]$ (**1**: M = Ca, **2**: M = Sr, **3**: M = Ba) auf. Bei Verbindung **3** konnte erstmals eine Barium-Sauerstoff-Wechselwirkung mit einem Siloxansauerstoffatom beobachtet werden.

Weiterhin gelang die Oxidation der metallierten Spezies **1** – **3** unter Einsatz von Dibromethan als Reaktionspartner, was unter Abspaltung von Metallbromid und Ethen zu einer intramolekularen P-P-Bindungsknüpfung und somit zur Bildung einer bicyclischen Verbindung (**4**) mit zwei über eine gemeinsame P-P-Einheit verknüpften P_2Si_4O-Ringe führt. Durch Anwendung dieses Synthesekonzepts auf die metallierten Verbindungen des primären Diphosphanylsiloxans $O(SiiPr_2PH_2)_2$ konnte die Darstellung eines sekundären cyclischen Diphosphanylsiloxans mit P-P-Bindung **5** erreicht werden. Aufgrund der Existenz der beiden aciden P(H)-Gruppen in **5** konnte eine erneute Metallierung durch Umsetzung mit $M[N(SiMe_3)_2]_2$ (M = Sr, Ba) und unter Abspaltung von $HN(SiMe_3)_2$ durchgeführt werden, die zur Koordination von zwei Erdalkalimetallatomen durch zwei bei der Synthese entstandenen $[O(SiiPr)_2P_2]^{2-}$ Anionen in Form eines P_4M_2-Oktaeders führt (**6**: M = Sr, **7**: M = Ba). Dies steht im Widerspruch zu den Erdalkaliverbindungen des primären Diphosphanylsiloxans $O(SiiPr_2PH_2)_2$, da dort für Strontium die Bildung einer planaren polycyclischen Verbindung mit zentralem P_2Sr_2-Ring beobachtet wird und nur beim Barium ebenfalls der P_4Ba_2-Oktaeder auftritt.

Durch eine erneute Oxidation der metallierten Verbindungen **6** bzw. **7** konnte die siloxanverbrückte P_4-Käfigverbindung **8** erhalten werden, wobei statt des erwarteten tricyclischen Kondensationsprodukts eine Käfigverbindung entsteht, in der jeweils einander gegenüberliegende Phosphoratome eines P_4-Ringes über Siloxanbrücken miteinander verknüpft sind.

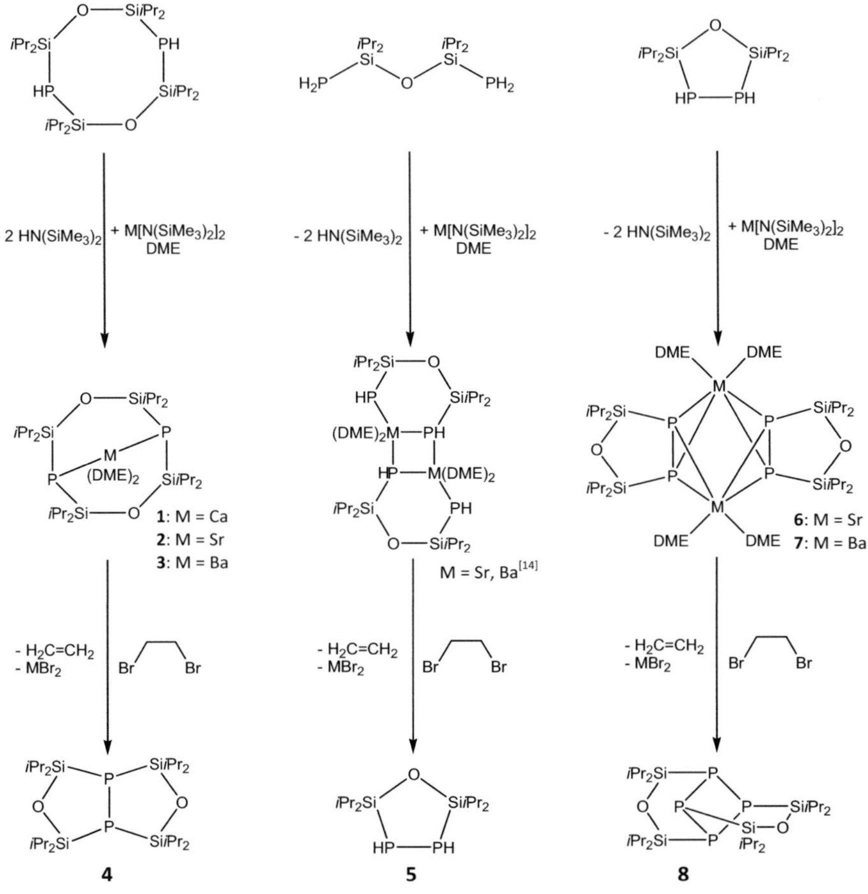

Abb. 52 : Syntheseschema der Verbindungen **1 – 8**

Im nächsten Teil der Arbeit wurde über die Synthese von sekundären Diphosphanylsiloxanen ausgehend von $O(SiiPr_2PH_2)_2$ berichtet, an welches ein Ethylsubstituent durch einfache Lithiierung jeder PH_2-Gruppe und anschließende Umsetzung mit Ethylbromid eingeführt werden konnte und somit zur Bildung von Verbindung **9** führt. Alternativ lässt sich beginnend mit Bis(2-bromoethyl)ether Verbindung **10** mit inversem Substituentenmuster zu **9** darstellen, indem mittels Abspaltung von LiBr durch Reaktion mit iPr_3SiPH_2 eine iPr_3SiPH-Einheit an jede Seite der organischen Kette gekuppelt wird. Beide synthetisierten

108

Verbindungen konnten erfolgreich mit dem Metallorganyl iPr$_3$In umgesetzt werden, wobei die Verbindungen **11** und **12** erhalten wurden, die beide einen vergleichbaren Aufbau aufweisen, der aus einem P$_2$In$_2$-Vierring besteht und dessen Phosphoratome über Ether- bzw. Siloxanbrücken miteinander verknüpft sind. Somit konnten mit **11** und **12** monomere Moleküleinheiten einer 13/15-Verbindung synthetisiert werden, während die Reaktionen des primären Diphosphanylsiloxans O(SiiPr$_2$PH$_2$)$_2$ mit MR$_3$ (M = Al, Ga, In; R = Et, iPr) ausschließlich zu oligomeren poly- oder makrocyclischen Produkten führen.

Bei **12** konnte im Gegensatz zu **11** eine schwache Indium-Sauerstoff-Wechselwirkung beobachtet werden, das Siloxan-Sauerstoffatom in **11** zeigt hingegen keine koordinative Wechselwirkung zu einem der Metallatome.

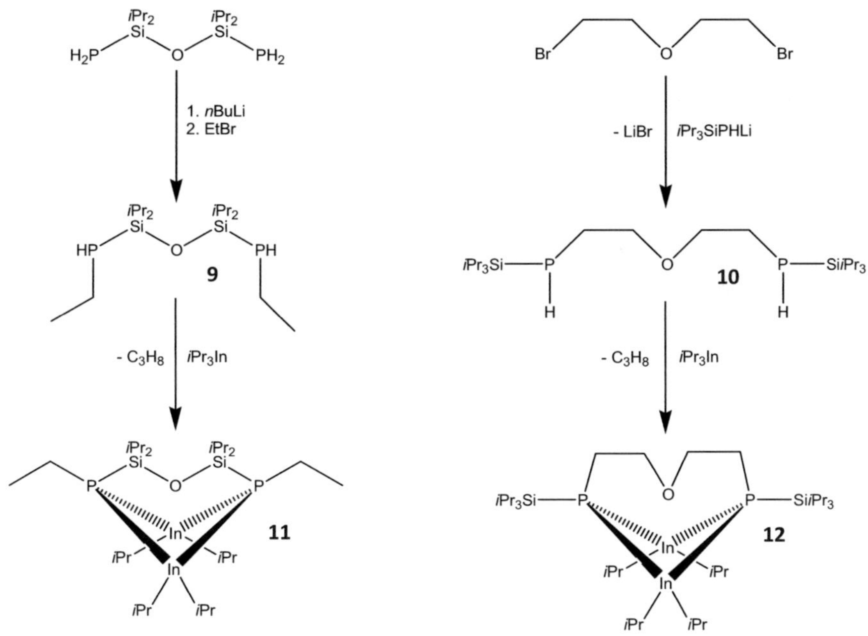

Abb. 53 : Syntheseschema der Verbindungen **9 – 12**

Der nächste Abschnitt dieser Arbeit beschreibt die Darstellung von 13/15-Verbindungen ausgehend von Verbindung **5** und den Vergleich der dabei isolierten Strukturmotive in Bezug auf die Chemie des Diphosphanylsiloxans $O(SiiPr_2PH_2)_2$. Dabei wurden bei Umsetzungen mit Triisopropylindium die neue polycyclische Verbindung **13** erhalten, die unerwarteter Weise aufgrund der Insertion eines *i*PrIn-Fragmentes in die P-P-Bindung und der Umlagerung eines *i*Pr-Substituenten das gleiche Strukturmotiv ergibt wie es auch bei der entsprechenden Reaktion von $O(SiiPr_2PH_2)_2$ mit *i*Pr₃In erhalten wird. Wird die Reaktion von **5** mit *i*Pr₃In in Anwesenheit von $C_2H_4Br_2$ durchgeführt, so wird eine Addition von zwei *i*Pr₂InBr-Fragmenten beobachtet, die zur Bildung von Verbindung **14** führt.

Bei den Reaktionen der leichteren Organometallverbindungen $AlEt_3$ bzw. $GaEt_3$ mit **5** ändert sich das Reaktionsverhalten und es können mit den Verbindungen **15** und **16** bisher unbekannte Käfigverbindungen isoliert werden. Das Schweratomgerüst weist dabei Ähnlichkeit mit dem Mineral Realgar (As_4S_4) auf und kann als zwei vierfach durch MEt_2-Einheiten μ_2-verbrückte, gestaffelt angeordnete P_2Si_2O-Ringsysteme beschrieben werden.

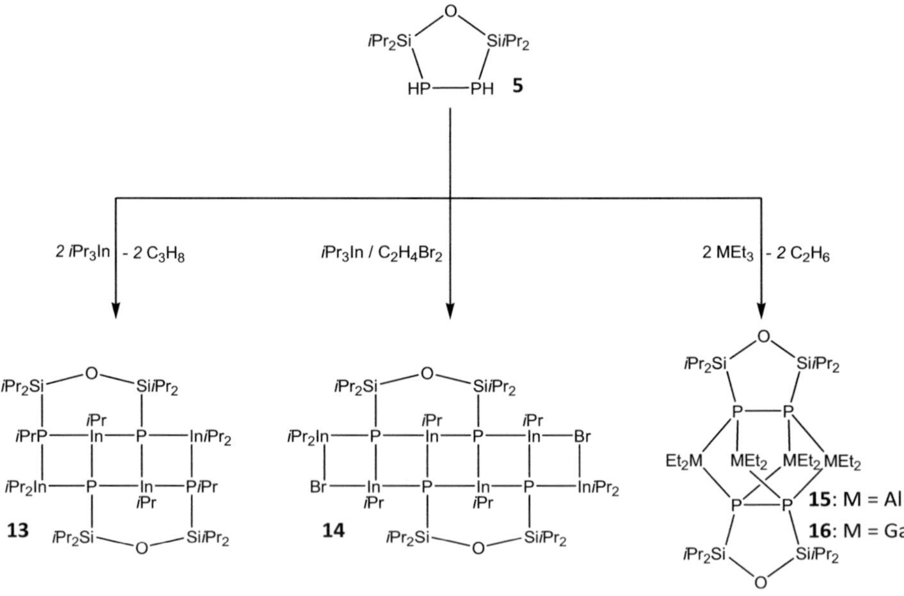

Abb. 54 : Syntheseschema der Verbindungen **13 – 16**

Der letze Teil dieser Arbeit befasst sich mit der Synthese hybrider Käfigverbindungen aus anorganischen und organischen Komponenten. So konnte ausgehend vom zweifach lithiierten zyklischen Diphosphanylsiloxan $[O(Si\textit{i}Pr_2)_2PLi]_2$, unter Verwendung von Bis(2-bromoethyl)ether als Reaktionspartner, die hybride Käfigverbindung **17** dargestellt werden, welche aus zwei $[O(Si\textit{i}Pr_2)_2P]_2$-Ringsystemen aufgebaut ist, die mit zwei $O(C_2H_4)_2$-Ketten an ihren Phosphoratomen verbunden sind. Trotz der analogen Struktur zu einer schon früher synthetisierten, rein anorganischen Verbindung mit der Lithiumkomplexe erhalten werden konnten, wurde keine Koordination von Lithium oder ähnlichen Metallen in die Käfigstruktur beobachtet.

Ein anderes Verhalten zeigt Verbindung **18**, die ebenfalls ausgehend von $[O(Si\textit{i}Pr_2)_2PLi]_2$ dargestellt wurde. Die Umsetzung mit $C_2H_4(OC_2H_4I)_2$ resultiert in einer im Vergleich zu **17** um eine OC_2H_4-Einheit erweiterten organischen Etherbrücke, was nun wiederum den Einbau eines Li_2I_2-Vierringes in den im Molekül vorliegenden Hohlraum ermöglicht. Die Lithium-Ionen werden in dieser Verbindung durch die Sauerstoffatome der organischen Segmente, sowie durch zwei μ_2-verbrückende I^--Anionen koordiniert.

Durch Behandlung von **18** mit einem großen Überschuss an AgF kann ein Ionenaustausch von Lithium gegen Silber unter Bildung von Verbindung **19** herbeigeführt werden. Das nun im Wirtsmolekül vorliegende Ag_2I_2-Fragment wird einzig über die Phosphoratome der Diphosphanylsiloxanringe gebunden und folglich stellt das Wirtsmolekül von **18** und **19** eine Art neuartigen Hybridkryptanden dar, der aufgrund seines gemischten Aufbaus aus organischen und anorganischen Komponenten in der Lage ist verschiedene Arten von Ionen zu koordinieren, die unterschiedliche Ansprüche an ihre Liganden stellen.

Des Weiteren konnte durch die Abänderung der Aufarbeitungsprozedur der Synthese von **18** die auftretende Dimerisierung unterbunden werden und mit Verbindung **20** eine monomere Form eines Hybrid-Kryptanden isoliert werden. Diese besteht aus intramolekular mit $(OC_2H_4)_2C_2H_4$-Ketten verbrückten $Si_4O_2P_2$-Ringsystemen, welche über Li_4I_4-Kuben zu einem dreidimensionalen Netzwerk verknüpft sind.

Die hier erhaltenen Verbindungen zeigen, dass die Synthese kryptandartiger anorganisch-organischer Hybridverbindungen möglich ist und dass diese sehr interessante Koordinationseigenschaften aufweisen. Damit stellen die hier durchgeführten Arbeiten eine hervorragende Grundlage für weitere Forschungen zur Darstellung neuartiger hybrider Ligandensysteme dar.

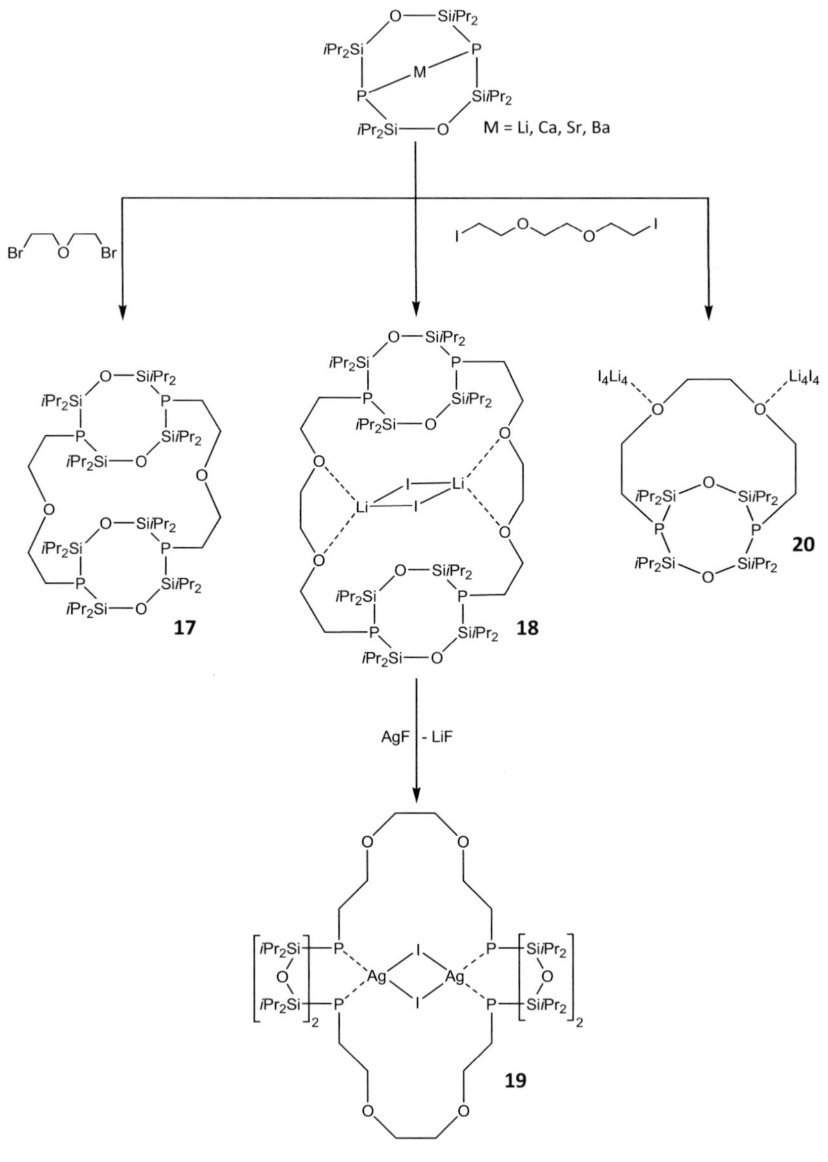

Abb. 55 : Syntheseschema der Verbindungen **17 – 20**

7   Anhang

7.1 Verwendete Abkürzungen

Äq.	Äquivalent	
Bu	Butyl	$-C_4H_9$
Cy	Cyclohexyl	$-C_6H_{11}$
DME	Dimethoxyethan	$CH_3OC_2H_4OCH_3$
D_n	Dimethylcyclosiloxane	$(Me_2SiO)_n$
dppn	Bis(Diphenylphosphinopentan)	$(C_6H_5)_2PC_5H_{10}P(C_6H_5)_2$
Et	Ethyl	$-C_2H_5$
Et_2O	Diethylether	$C_2H_5OC_2H_5$
HOMO	highest occupied molecular orbital	
*i*Bu	iso-Butyl	$-C_4H_9$
*i*Pr	iso-Propyl	$-CH(CH_3)_2$
Me	Methyl	$-CH_3$
MOCVD	metal-organic chemical vapour deposition	
NMR	Kernmagnetische Resonanz	
OR_F		$[C(CF_3)_3^-$
OTf	Trifluorsulfonat	$CF_3SO_3^-$
Ph	Phenyl	$-C_6H_5$
ppm	parts per million	

Py	Pyridyl	$-NC_5H_4$
*t*Bu	tert-Butyl	$-C(CH_3)_3$
THF	Tetrahydrofuran	C_4H_8O
TMEDA	N, N, N', N'-Tetramethylethylendiamin	$[(CH_3)_2NCH_2]_2$

7.2   Nummerierung neuer Verbindungen

1 $[P_2\{O(SiiPr_2)_2\}_2Ca(DME)_2]$

2 $[P_2\{O(SiiPr_2)_2\}_2Sr(DME)_2]$

3 $[P_2\{O(SiiPr_2)_2\}_2Ba(DME)_2]$

4 $P_2[O(SiiPr_2)_2]_2$

5 $(HPSiiPr_2)_2O$

6 $[\{P_2(SiiPr_2)_2O\}_2\{Sr(DME)_2\}_2]$

7 $[\{P_2(SiiPr_2)_2O\}_2\{Ba(DME)_2\}_2]$

8 $P_4[O(iPr_2Si)_2]_2$

9 $O(SiiPr_2PHEt_2)_2$

10 $O(C_2H_4PHSiiPr_3)_2$

11 $[O(SiiPr_2PEt)_2\{In(iPr_2)\}_2]$

12 $[O(C_2H_4PSiiPr_3)_2\{In(iPr_2)\}_2]$

13 $[\{(SiiPr_2)_2O\}_2\{iPrP(IniPr_2)PIniPr\}_2]$

14 $[\{P(SiiPr_2)_2O\}_2\{(iPrIn)_4(IniPr_2)_2\}Br_2]$

15 $[P_2\{O(SiiPr_2)_2\}_2\{AlEt_2\}_4]$

16 $[P_2\{O(SiiPr_2)_2\}_2\{GaEt_2\}_4]$

17 $[P_2\{O(SiiPr_2)_2\}_2\{O(C_2H_4)_2\}]_2$

18 $[\{O(SiiPr_2)_2P\}_4\{O_2(C_2H_4)_3\}_2]\cdot Li_2I_2$

19 $[\{O(SiiPr_2)_2P\}_4\{O_2(C_2H_4)_3\}_2]\cdot Ag_2I_2$

20 $[P_2\{O(SiiPr_2)_2\}_2\{O_2(C_2H_4)_3\}]_2\cdot Li_4I_4$

7.3   Literaturverzeichnis

[1]   a) G. Fritz, *Z. Naturforsch.* **1953**, *8*b, 776. b) G. Fritz, *Z. Anorg. Allg. Chem.* **1955**, 280, 322.

[2]   G. Fritz, G. Poppenburg, *Angew. Chem.* **1960**, *72*, 208.

[3]   K. Gregory, P. v. R. Schleyer, R. Snaith, *Adv. Inorg. Chem.* **1991**, *37*, 47.

[4]   M. Driess, R. E. Mulvey, M. Westerhausen, *Molecular Clusters of the Main Group Elements*, Wiley-VCH, Weinheim, **2004**, 391.

[5]   M. Westerhausen, *Coord. Chem. Rev.* **1998**, *176*, 157.

[6]   a) M. Gärtner, H. Görls, M. Westerhausen, *Z. Anorg. Allg. Chem.* **2007**, *633*, 2025; b) M. Westerhausen, M. H. Digeser, H. Nöth, J. Knizek, *Z. Anorg. Allg. Chem.* **1998**, *624*, 215; c) M. Westerhausen, R. Löw, W. Schwarz, *J. Organomet. Chem.* **1996**, *513*, 213; d) M. Westerhausen, A. Pfitzner, *J. Organomet. Chem.* **1995**, *487*, 187; e) M. Westerhausen, *J. Organomet. Chem.* **1994**, *479*, 141.

[7]   M. Westerhausen, M. H. Digeser, M. Krofta, N. Wiberg, H. Nöth, J. Knizek, W. Ponikwar, T. Seifert, *Eur. J. Inorg. Chem.* **1999**, 743.

[8]   C. von Hänisch, S. Stahl, *Angew. Chem.* **2006**, *118*, 2360–2363; *Angew. Chem. Int. Ed.* **2006**, *45*, 2302.

[9]   M. Kaupp, P. Schleyer, *J. Am. Chem. Soc.* **1993**, *115* (24), 11202.

[10]   M. Westerhausen, R. Löw, w. Schwarz, *J. Organomet. Chem.* **1996**, *513*, 213.

[11]   M. Westerhausen, *J. Organomet. Chem.* **1996**, *479*, 141.

[12]   M. Westerhausen, G. Lang, W. Schwarz, *Chem. Ber.* **1996**, *129*, 1035.

[13]   C. v. Hänisch, P. Kopecky, *Z. Anorg. Allg. Chem.* **2010**, *63,* im Druck.

[14]   P. Kopecky, C. v. Hänisch, F. Weigend, A. Kracke, *Eur. J. Inorg. Chem.* **2010**, *2*, 258.

[15]   a) A. H. Cowley, R. A. Jones, *Angew. Chem.* **1989**, *101*, 1235; b) F. Maury, *Adv. Mater.* **1991**, *3*, 542; c) A. C. Jones, P. O'Brien, *CVD of Compund Semiconductors: Precursor Synthesis, Development an Applications*, VCH, Weinheim, **1996**; d) R. L. Wells, W. L. Gladfelter, *J. Cluster Sci.* **1997**, *8*, 217.

[16]   A. H. Cowley, R. A. Jones, M. A. Mardones, J. L. Atwood, S. G. Bott, *Angew. Chem.* **1990**, *102*, 1504.

[17]   a) R. A. Bartlett, H. V. R. Dias, X. Feng, P. P. Power, *J. Am. Chem. Soc.* **1989**, *11*, 1306; b) M. A. Petrie, S. C. Shoner, H. V. R. Dias, P. P. Power, *Angew. Chem.* **1990**, *102*, 1061; c) M. A. Petrie, P. P. Power, *J. Chem. Soc. Dalton Trans.* **1993**, 1737.

[18]   F. Thomas, S. Schulz, M. Nieger, *Eur. J. Inorg. Chem.* **2001**, 161.

[19]   a) U. App, K. Merzweiler, *Z. Anorg. Allg. Chem.* **1995**, *621*, 1731; b) N. D. Reddy, H. W. Roesky, M. Noltemayer, H.-G. Schmidt, *Inorg. Chem.* **2002**, *41*, 2347.

[20]   a) K. Niediek, B. Neumüller, *Chem. Ber.* **1994,** *127*, 67; b) B. Werner, B. Neumüller, *Organometallics* **1996**, *15*, 4258; c) A. Dashti-Mommertz, B. Neumüller, *Z. Anorg. Allg. Chem.* **2003**, *629*, 1136.

[21]   a) R. J. Wehnschulte, P. P. Power, *New J. Chem.* **1998**, 1125-1130; b) M. Driess, S. Kuntz, K. Merz, H. Pritzkow, *Chem. Eur. J.* **1998**, *4*, 1628; c) M. Driess, S. Kuntz, C. Monsé, K. Merz, *Chem. Eur. J.* **2000**, *6*, 4343.

[22]   C. v. Hänisch, *Eur. J. Inorg. Chem.* **2003**, 2955.

[23]   C. v. Hänisch, O. Rubner, *Eur. J. Inorg. Chem.* **2006**, 1657–1661.

[24]   a) C. von Hänisch, S. Traut, S. Stahl, *Z. Anorg. Allg. Chem.* **2007**, *633*, 2199; b) S. Traut, C. von Hänisch, H.-J. Kathagen, *Eur. J. Inorg. Chem.* **2009**, 777.

[25]   C. v. Hänisch, S. Stahl, *Angew. Chem. Int. Ed.* **2006,** *45*, 2302.

[26]   C. v. Hänisch, S. Stahl, *J. Organomet. Chem.* **2007**, *692,* 2780.

[27]   a) C. J. Pedersen, *J. Am. Chem. Soc.* **1967**, *89*, 2495; b) C. J. Pedersen, *J. Am. Chem. Soc.* **1967**, *89*, 7017.

[28]   a) M. Ngwenya, A. E. Martell, J. J. Reibenspies, *J. Chem. Soc., Chem. Commun.* **1990**, 1207; b) M. Micheloni, *J. Coord. Chem.* **1988**, *18*, 3; c) P. Stutte, W. Kiggen, F. Vögtle, *Tetrahedron* **1987**, *43*, 2065.

[29]   J. M. Lehn, *Science* **1985**, *227*, 849.

[30]   C. J. Pedersen, *Angew. Chem.* **1988**, *100*, 1053; *Angew. Chem. Int. Ed. Engl.* **1988**, *27*, 1021.

[31]   a) W. Patnode, D. F. Wilcock, *J. Am. Chem. Soc.* **1946**, *68*, 358; b) M. J. Hunter, J. F. Hyde, E. L. Warrick, H. J. Fletcher, *J. Am. Chem. Soc.* **1946**, *68*, 667.

[32]   O. Mikio, I. Yoshihisa, K. Takashi, H. Tadao, *Bull. Chem. Soc. Jpn.* **1984**, *57*, 887.

[33]   H. J. Emeléus, M. Onyszchuk, *J. Chem. Soc.* **1958**, 604.

[34]   R. West, L. S. Wheatley, K. J. Lake, *J. Am. Chem. Soc.* **1961**, *83*, 761.

[35] J. S. Rich, T. Chivers, *Angew. Chem. Int. Ed.* **2007**, *46*, 4610.

[36] a) M. R. Churchill, C. H. Lake, S.-H. L. Chao, O. T. Beachley, *J. Chem. Soc. Chem. Comm.* **1993**, 1577; b) C. Eaborn, P. B. Hitchcock, K. Izod, J. D. Smith, *Angew. Chem.* **1995**, *107*, 2936.

[37] A. Decken, J. Passmore, X. Wang, *Angew. Chem. Int. Ed.* **2006**, *45*, 2773.

[38] C. v. Hänisch, O. Hampe, F. Weigend, S. Stahl, *Angew. Chem. Int. Ed.* **2007**, *46*, 4775.

[39] C. v. Hänisch, F. Weigend, O. Hampe, S. Stahl, *Chem. Eur. J.* **2009**, *15*, 964.

[40] K. Brandenburg, Diamond Version 3.2c, *Crystal and Molecular Structure Visualization Program*, Bonn, **1997**.

[41] Cambridgesoft Corporation, ChemDrawUltra Version 7.03, *Chemical Structure Drawing Standard*, Cambridge, **1985**.

[42] M. Westerhausen, M. Krofta, P. Mayer, *Z. Anorg. Chem.* **2000**, *626*, 2307.

[43] C. v. Hänisch, O. Hampe, F. Weigend , S. Stahl, *Angew. Chem. Int. Ed.* **2007**, *46*, 4775.

[44] U. Wannagat. E. Bogusch, F. Rabet, *Z. Anorg. Allg. Chem.* **1971**, *385*, 261.

[45] R. Radeglia, *Journal f. prakt. Chemie* **1989**, *331*(5), 863.

[46] G. Fritz, R. Biastoch, *Z. Anorg. Allg. Chem.* **1986**, *535*, 63.

[47] H. Günther, *NMR-Spektroskopie*, Thieme, Stuttgart, **1983**.

[48] persönliche Referenz mit Florian Weigend

[49] N. Burford, C. A. Dyker, M. Lumsden, A. Decken, *Angew. Chem. Int. Ed.* **2005**, *44*, 6196.

[50] N. Burford. C. A. Dyker, G. Menard, M: Lumsden, A. Decken, *Inorganic Chemistry* **2007**, *46*(10), 4277.

[51] Y. Xiong, S. Yao, M. Brym, M. Driess, *Angew. Chem. Int. Ed.* **2007**, *46*, 4511.

[52] B. Werner, B. Neumüller, *Organometallics* **1996**, *15*, 4258.

[53] R. L. Wells, A. T. McPhall, M. F. Self, *Organometallics* **1992**, *11*, 221.

[54] M. Bühler, G. Linti, *Z. Anorg. Allg. Chem.* **2006**, 2453.

[55] T. Ito. N. Morimoto, R. Sadanaga, *Acta Cryst.* **1952**, *5*, 7752.

[56] D. J. E. Mullen, W. Z. Nowacki *Kristallogr.* **1972**, *136*, 48.

[57] A. F. Hollemann, E. Wiberg, *Lehrbuch der anorganischen Chemie*, de Gruyter, Berlin, **1995**, 787.

[58] R. M. De Silva, M. J. Mays, G. A. Solan, *J. Organomet. Chem.* **2002**, *664*, 27.

[59]   P. C. Minshall, G. M. Sheldrick, *Acta Cryst.* **1978**, *B34*, 1326.

[60]   A. M. Griffin, P. C. Minshall, G. M. Sheldrick, *J.C.S. Chem. Comm.* **1976,** 809.

[61]   C. L. Raston, C. R. Whitaker, A. H. White, *J. Chem. Soc. Dalton Trans.* **1988,** 991.

[62]   C. L. Raston, C. R. Whitaker, A. H. White, *Aust. J. Chem.* **1988,** *41,* 1925.

[63]   H. Riffel, B. Neumüller, E. Fluck, *Z. Anorg. Allg. Chem.* **1993**, *619*, 1682.

[64]   M. Westerhausen, A. N. Kneifel, P. Mayer, *Z. Anorg. Allg. Chem.* **2006**, 632, 634.

[65]   C. Di Nicola, M. Fianchini, C. Pettinari, B. W. Skelton, N. Somers, A. H. White, *Inorg. Chim. Acta* **2005**, *358*, 763.

[66]   J. F. Young, G. P. A. Yap, *Acta Cryst.* **2007**, E*63*, m1943.

[67]   J. F. Young, G. P. A. Yap, *Acta Cryst.* **2007**, E*63*, m2075.

[68]   E. L. Muetterties, C. W. Alegranti, *J. Am. Chem. Soc.* **1972**, *94*(18), 6386.

[69]   P.-P. Winkler, P. Peringer, *Transition Met. Chem.* **1982**, *7*, 313.

[70]   R. G. Pearson, *Inorg. Chim. Acta*, **1995**, *240*, 93.

[71]   M. Brym, C. Jones, P. C. Junk, M. Kloth, *Z. Anorg. Allg. Chem.* **2006**, *632*, 1402.

[72]   Bruker BioSpin, Topspin Version 2.1, *Next Generation NMR Software*, Rheinstetten, **2009**.

[73]   MestreLab, MestreNova Version 6.0.2, *NMR processing, analysis and simulation*, Santiago**, 2009**.

[74]   M. Westerhausen, *Inorg. Chem.* **1991**, *30*, 96.

[75]   D. C. Bradley, M. B. Hursthouse, A. A. Ibrahim, K. M. A. Malik, M. Motevalli, R. Möseler, H. Powell, J. D. Runnacles, A. C. Sullivan, *Polyhedron* **1990**, *9*(24), 2959.

[76]   G. M. Sheldrick, *ShelXS-97*, Program for Crystal Structure Solution, Göttingen, **1997**.

[77]   G. M. Sheldrick, *ShelXL-97*, Program for Crystal Structure Refinement, Göttingen, **1997**.

Publikationsliste

1. Observation and Interpretation of Structural Variety in Alkaline Earth Metal Derivatives of Diphosphanyldisiloxane
P. Kopecky, C. von Hänisch, F. Weigend, A. Kracke, *Eur. J. Inorg. Chem.* **2010**, *2*, 258.

2. Efficient synthesis and properties of single-crystalline [SnTe$_4$]$_4$-salts.
E. Ruzin, A. Kracke, S. Dehnen, *Z. Anorg. Allg. Chem.* **2006**, *632*(6), 1018.

3. The Formal Combination of Three Singlet Biradicaloid Entities to a Singlet Hexaradicaloid Metalloid Ge$_{14}$[Si(SiMe$_3$)$_3$]$_5$[Li(THF)$_2$]$_3$ Cluster
C. Schenk, A. Kracke, K. Fink, A. Kubas, W. Klopper, M. Neumaier, H. G. Schnöckel, A. Schnepf, *J. Am. Chem. Soc.*, **2011**, im Druck

Lebenslauf

Persönliche Daten:

Name: Andreas Kracke

Geburtsdatum/-ort: 20.09.1979 in Hamburg

Schulausbildung:

1986 – 1990   Hainbachschule Hochstadt

1990 – 1999   Eduard Spranger Gymnasium Landau

                                      Abschluss: Abitur

Hochschulausbildung:

Okt. 2000 – Mär. 2007   Universität Karlsruhe

                                      Chemiestudium
                                      Abschluss: Diplom-Chemiker

                                      Titel der Diplomarbeit: *Untersuchungen zur Synthese und Reaktivität metalloider Germaniumcluster*

Mai 2007 – Jul. 2010   Universität Karlsruhe

                                      Promotion zum Dr. rer. nat. am Institut für Anorganische Chemie und Institut für Nanotechnologie bei PD Dr. Carsten von Hänisch

                                      Titel der Dissertation: *Untersuchungen zur Synthese von metallierten Diphosphanylsiloxanen und deren Anwendung zum Aufbau neuartiger Ligandensysteme*

An dieser Stelle möchte ich allen meinen Dank aussprechen, die zum Gelingen dieser Arbeit beigetragen haben!

Herrn PD Dr. Carsten von Hänisch Danke ich für die interessante Themenstellung, die erstklassige Betreuung sowie fachliche Unterstützung und die hervorragenden Arbeitsbedingungen im Institut für Nanotechnologie.

Dr. Olaf Fuhr danke ich für seine kompetente Hilfe in Sachen Strukturlösung und der Einweisung in die vielen hilfreichen Programme.

Dr. Florian Weigend danke ich für die Durchführung der quantenmechanischen Rechnungen und die hilfsbereite Diskussion der Ergebnisse.

Florian Schinle danke ich für die Aufnahme der ESI-Massenspektren.

Bei Sven Stahl bedanke ich mich für die Durchführung der Elementaranalysen, der tatkräftigen Unterstützung am NMR-Gerät und der Versorgung mit allerlei Bedarfsgütern und Chemikalien im Laboralltag.

Weiterer Dank gebühren Andrea Kutzer, Katharina Roth und Silke Wolf für das aufmerksame Korrekturlesen dieser Arbeit und ihre konstruktive Kritik.

Spezieller Dank geht an meine Kollegen und Freunde Michael Feierabend, Sven Stahl, Stephan Traut und Peter Kopecky für die geniale Arbeitsatmosphäre und Hilfsbereitschaft während der gemeinsamen Zeit im Labor und darüber hinaus.

Weiterhin danke ich den Kollegen am Institut für Nanotechnologie Dr. Andreas Eichhöfer, Eva Röhm, Emma Tröster und dem Rest der Belegschaft, auch am Institut für anorganische Chemie am Campus Süd für ihre Kollegialität und Zusammenarbeit.

Ferner Danke ich Frau Baust, Herrn Maisch, Christine Batsch und Erika Schütze für die rasche Erledigung aller Verwaltungsangelegenheiten.

Ich danke meinen Kommilitonen und Freunden Andrea Kutzer, Florian Henke, Julia Rinck, Katharina Roth und schließlich den ehemaligen Mitgliedern der Fachschaft Chemie für eine gediegene gemeinsame Studienzeit.

Besonderer Dank gebührt auch meinem gesamten Freundeskreis aus der Pfalz, der dafür gesorgt hat, dass meine Heimat trotz des Wohnortwechsels immer auf der anderen Seite des Rheins blieb und ein Ort ist, an den man sehr gerne zurückkehrt.

Besonderer Dank geht an meine Mutter, die mir Studium und Promotion erst ermöglicht und mich immer bedingungslos nach allen Kräften dabei unterstützt hat.